자존감
육아법

내 아이 미래를 결정하는
자존감 육아법

초 판 1쇄   2018년 07월 23일

지은이 박영신
펴낸이 류종렬

등록 2001년 3월 21일 제2001-000040호
주소 서울시 마포구 양화로 133 서교타워 711호
전화 02) 322-7802~3
팩스 02) 6007-1845

펴낸곳 미다스북스
총   괄 명상완
책임편집 이다경
블로그 http://blog.naver.com/midasbooks
전자주소 midasbooks@hanmail.net

© 박영신, 미다스북스 2018, *Printed in Korea*.

ISBN 978-89-6637-583-7 13590

값 15,000원

미다스북스는 다음세대에게 필요한 지혜와 교양을 생각합니다.

| 내 아이 미래를 결정하는 |

자존감
육아법

박영신 지음

미다스북스

굳건한 사랑으로, 자존감으로 뭉친 이름, 엄마

"엄마, 나는 엄마 제일 사랑해!"

"나도 우리 딸 제일 사랑해!"

이렇게 자녀와 엄마 사이에 사랑의 말이 오고 갑니다. 세상에 무엇을 주고도 바꿀 수 없는 소중한 존재, 자식을 위해 엄마로서 최선을 다해서 맛있는 음식을 만들고, 좋은 것을 주기 위해 많은 노력을 하게 됩니다.

그러나

'나는 누구일까?',

'나라는 존재는 어디에 있을까?'

아이를 낳고 엄마가 되어 행복하게 살아가지만 문득문득 이런 생각들이 떠오르게 됩니다. 엄마가 되고 최선을 다하는 삶 속에서도 겪을 수밖에 없는 인간적인 고뇌들, 자신을 잃어버린 듯한 느낌, 자꾸만 낮아지는 자존감, 처음 엄마라는 이름을 가지는 이들이 가지는 공통의 감정일 겁니다.

세상 사람들은 엄마라는 존재가 자식을 낳으면 그냥 만들어지는 줄 압니다. 그냥 모성애가 생기고, 책임감이 생기고 사랑이 생긴다고 생각하는 듯합니다. 그러나 '엄마'라는 존재는 사랑이라는 이름 아래에 자기 희생, 인내, 책임감, 배려, 사려깊음, 한결같음, 절제 등 수많은 미덕을 포함해야 한다는 것을 엄마가 되어야 알 수 있습니다. 정말 많은 노력을 통해 만들어가야 함을 깨닫게 됩니다. 이러한 노력을 통해서 자신보다 자녀를, 가정을 돌보는 삶을 살아가게 됩니다.

신이 세상을 다 돌봐주기 어려워서 보낸 존재, 엄마

자녀에게는 이러한 엄마는 정말 신이라는 존재입니다. 그런데 엄마에게도 엄마라는 이름을 가지기 전에 이미 박.영.신, 이름 석 자의 삶이 있고, 엄마로, 아내로서가 아니라 그냥 박.영.신이라는 이름 석 자로 살고자 하는 욕구는 누구나 가지고 있는 법입니다. 또한 여자라는 존재와 엄마라는 존재는 서로 상반되는 이미지가 되기도 합니다. 그러나 저자가 엄마가 되고, 자녀를 행복하게 키우기 위한 그녀의 노력이 결국 그녀 스스로를 행복하게 성장하도록 도와주는 원동력이 되었습니다.

이 책은 어린 시절 불행한 가정에서 자신이 느꼈던 불안한 감정을 자신의 아이에게 주지 않기 위해 노력한 저자의 이야기입니다. 엄마로서 수많은 미덕을 가지려고 노력하는 일이 결국 자신의 성장이 될 수 있음을, 엄마의 삶이 결코 자신을 잃어버리는 삶이 아니라는 것을 알 수 있도록 도와줄 겁니다.

엄마 자신이 스스로를 믿고, 스스로의 가치를 존중할 때, 자녀도 자존감이 높은 아이로 성장할 수 있음을 말해주고 있습니다. 이 책을 통해서 진정한 자존감이 무엇인지 살펴보면서 엄마로서 또 자신으로서 행복을 향해 한 걸음 더 나아가보지 않으시겠습니까?

진정한 감사함으로,
진심 어린 사랑으로,
엄마와 자녀, 그리고 그 가정이 모두 함께 행운이 가득하길 기원합니다. 고맙습니다.

— 양경윤, 『한줄의 기적, 감사일기』 저자

엄마와 아이가 모두 행복한 육아

이 책에는 작지만 단단하고, 여리지만 강한 저자의 모습이 그대로 담겨 있습니다. 처음 제 책의 독자로 만난 후 지금까지 목격한 한결같은 열정과 성실함이 각 장마다 가득합니다. 이러한 작가의 조언대로 날마다 한가지씩이라도 실행하면 내면이 단단한 엄마, 아이와 엄마 모두가 행복한 육아가 되리라 확신합니다.

— 최헌, 감정코칭연구소 대표, 『안녕하세요, 자존감』, 『내 감정에 서툰 나에게』 저자

아이의 내면을 단단하게 하는 힘, 자존감

자존감은 삶의 전부라고 할 수 있다

나는 스물네 살에 결혼하여 스물여섯 살에 첫 아이를 낳았다. 그리고 그 이듬해 둘째 아이를 낳았다. 다행히 휴직을 할 수 있었고 덕분에 아이와 보내는 시간을 많이 가질 수 있었지만 그 시간이 당연하다고 생각했다. 그러나 지금 돌이켜보면 아이를 키우던 그 시간은 내 인생을 크게 바꾸는 기간이었다. 이르다면 이른 나이에 엄마가 된 나는 엄마 역할을 잘 해내기 위해 노력했다. 아이를 키우는 과정에서 나의 어린 시절을 되돌아볼 수 있었다.

나의 어린 시절은 어두웠다. 날마다 싸우시던 부모님. 특히 술에 취한 아버지로부터 아무런 저항도 못해보고 폭행당하는 어머니를 지켜드리지 못했다는 죄책감에 시달렸다. 우리 가정은 불행하고 불안했다. 그리고 그 안에서 어린 시절 나는 매우 우울하고 자존감이 낮았다.

아무렇지 않다고 생각해왔던 내 과거가 아이를 키우면서 다시 수면 위로 올라왔다. 아이를 키우는 동안 나는 내 과거의 모습까지 돌봐야 했다. 하루 종일 우는 아이를 보면 내가 잘해주지 못해서 그런 것 같아 미안했다. 아이를 키우며 나는 자신감이 많이 낮아졌다. 그런 날들이 반복되며 결국 산후우울증을 겪고 자살 생각까지 하게 되었다.

설거지를 하다, 아이를 돌보다 눈물이 하염없이 흐르는 날들이 이어졌다. 이대로 내가 죽으면 어떻게 될까 생각이 들어 계속 운 적도 많다. 그럴 때마다 아이는 울고 있는 나에게 다가와서 나를 꼭 안아주었다. 아이가 나를 불안하게 바라보는 눈빛을 본 순간 어린 시절의 불안했던 내 모습이 떠올랐다. 나는 그때 내 아이는 나와 같은 어린 시절을 보내지 않도록 하겠다고 결심했다.

그때부터 아이를 건강하게, 자존감 높은 아이로 키우기 위한 방법을 찾아보기 시작했다. 그리고 내 아이를 키우는 데 하나씩 실천해보았다. 아이를 위한 방법이 나를 사랑하기 위한 노력들로 이어져 나의 자존감도 높아질 수 있었다. 옆에는 나를 늘 지지해준 남편과 가족들이 있어 가능했다. 조금씩 자존감이 높아지며 나는 나 스스로도 행복했지만 아이들과 함께 행복한 육아를 할 수 있었다. 그리고 내가 행복한 만큼 아이들도 행복을 느끼는 순간이 많아졌다.

부모가 먼저 아이의 자존감을 높여라

아이가 태어난 이후의 삶은 그 전의 삶과 전혀 다르다. 부모는 아이를 키우는 생활의 변화 이상으로 '아이들을 키우면서 일어나는 생각과 마음의 변화'를 겪는다. 그 변화의 중심에 자존감이 있어야 한다고 생각한다.

나는 아이를 낳고 아이를 키우며 아이와 함께 성장했다. 아이들과 함께하면서 많은 것을 배워나갔다. 특히 '나 스스로를 사랑하는 힘'인 자존감이 인생을 살아가는 데 닥치는 시련 앞에서 흔들리지 않는 단단한 내면을 만들어준다는 것을 알았다. 그리고 육아를 하며 내 아이의 자존감을 키워주는 것이 아이에게 얼마나 중요한지도 알게 되었다. 아무것도 모르고 육아를 시작한 나뿐만이 아니라 모든 부모는 아이가 스스로를 사랑하고 건강한 자아를 가진 인격체로 키우는 것이 중요하다는 것을 알고 있다.

자존감이 높은 아이들은 내면이 단단한 힘을 갖고 있다. 그리고 정서적으로 건강한 아이로 자란다. 스스로 건강한 아이들이 자신의 삶에서 당당하게 살아간다. 부모가 무엇보다 먼저 아이의 자존감을 높여주어야 하는 이유다.

아이의 자존감은 부모와의 관계에서 시작된다

아이에게 어린 시절은 매우 중요하다. 특히 부모가 어떤 믿음을 갖는 지에 따라 아이는 그대로 자란다. 부모와의 관계에서 이해받고 존중받고 사랑받은 아이는 자존감이 높다. 그리고 부모와의 관계에서 행복을 느낀 다. 이해받고 존중받아 자존감이 높은 아이들이 자라면 다른 사람과의 관계에서도 행복을 느끼는 어른이 된다.

또 행복하게 자란 아이들은 미래에 행복한 부모가 되어 또 다시 행복 한 아이를 키우게 된다. 나는 이 선순환이 모든 부모와 자녀에게 이어지 길 소망한다. 나는 학교에서 교사로 생활하며, 또 내 아이를 키우며 자존 감을 키우는 육아법, 대화법을 적용했다. 그리고 사례들을 바탕으로 그 방법을 이 책에 구체적으로 쓰려고 노력했다. 그리고 나의 경험이 누군 가에게 따뜻한 위로와 희망이 되기를 소망한다. 내 이야기를 통해 변화 를 시작할 수 있다는 것은 가슴 뛰는 일이다. 이 한 권의 책을 통해 나눌 수 있음에 감사한다.

덧붙여, 이 책이 나오기까지 도움을 주신 많은 분들께 감사를 드린다.

서툰 엄마에게도 늘 사랑한다고 이야기해주는 아이들, 든든한 버팀목으로 항상 응원해주는 남편에게 감사와 사랑을 전한다. 영원히 존경하는 어머니에게 말로 할 수 없는 뜨거운 가슴을 전한다. 용서의 의미를 알게 해주신 아버지와 늘 따뜻함으로 희생하시고 도와주시는 존경하는 시부모님과 가족들에게도 감사를 전한다. 책을 쓰고 새로운 삶을 도전할 수 있도록 도와주신 모든 분들께 늘 감사하며 살아가겠다.

나는 이제 한 걸음을 내디뎠다. 나는 나와 같이 육아로 힘든 엄마들을 도와줄 수 있는 사람이 될 수 있도록 더욱 성장하고자 한다. 마지막으로 지금도 아이를 자존감 높은 아이로 키우기 위해 노력하는 이 세상의 모든 부모님들께 응원을 보낸다.

2018년 7월 박 영 신

"우리가 우리 아이들에게 줄 수 있는 가장 큰 선물은

우리가 가진 귀중한 것을 아이들과 함께 나누는 것만이 아니라

자기들이 얼마나 값진 것을 가지고 있는지 스스로 알게 해주는 것이다."

– 아프리카 스와힐리 격언

CONTENTS

1장 아이의 자존감, 스펙보다 중요하다

4장 아이의 특성에 따른 자존감 육아법

5장 아이의 미래, 자존감이 결정한다

아이의 자존감, 스펙보다 중요하다

01 아이의 자존감, 스펙보다 중요하다

그들이 당신을 뭐라고 부르는지는 중요하지 않다.
문제는 당신이 그들에게 뭐라고 대답하는가이다.
– W.C. 필즈

나는 결혼을 하고 아이가 태어난 뒤, 늘 아이의 엄마, 아내로만 살았다. 엄마니까 당연히 휴직을 했고 아이를 내 손으로 키웠다. 그리고 아내니까 당연히 남편의 꿈을 응원했었다. 그러는 중에 나는 없었다. 돌아보면 나는 나로 살기보다는 다른 사람을 위해 살고 있었다. 나는 육아를 하며 '나는 누구인가.', '나는 뭔가.'를 생각하며 많이 울었다.

나는 아이를 키우는 동안 자존감이 많이 낮아졌다. 자존감이 낮아지자 내 삶은 흔들렸다. 나는 우울해졌고 육아도 직장생활도 다 제대로 하지 못했다. 심지어 아이들을 곁에 두고도 '여기서 뛰어내리면 안 아플까?'라고 자살을 생각한 적도 있었다. 그런 생각을 하며 참 많이도 울었다. 그때 우리 아이가 나를 안아주지 않았다면 나는 아마 새로운 시작을 할 수 없었을 것이다.

나는 내 자존감이 낮아지자 그동안 내가 만들어온 삶이 무너지기 시작하는 것을 볼 수 있었다. 초등학교 교사인 나는 주변의 엄마들로부터 '너는 돌아갈 직장이 있어 좋겠다.'라는 이야기를 많이 들었다. 복직을 하고도 일찍 퇴근해서 아이를 보면 행복할 것이라고 사람들은 말했다. 그러나 내 삶에서 중요한 것은 나의 직업이 무엇이냐가 아니었다.

나의 직업보다 중요한 것은 내 삶을 단단하게 해주는 자존감이었다. 무엇을 하느냐보다 어떤 마음 상태로 하느냐가 더 중요하다. 내 자존감이 낮아지면서 나를 믿지 못하고, 나를 사랑하지도 못하며, 내 아이도, 남편도 사랑할 수 없었다. 그리고 내 직업에도 만족할 수 없었다. 나는 아이를 키우고 우울증을 겪으며 내가 가진 스펙보다는 자존감이 더 내 삶에 영향을 주는 것을 처절하게 느낄 수 있었다.

스펙 쌓기에 내몰리는 아이들

학교에서 아이들과 이야기를 나누다 보면 대부분의 아이들은 2개 이상 학원을 다닌다. 학부모님들은 아이의 정서적인 안정과 자존감보다는 아이들의 성적에만 관심을 기울이고 있다. 그리고 최근에는 학교 생활기록부에 한 줄이라도 더 넣기 위해 스펙을 쌓기 위한 노력을 한다.

아이들이 스펙 쌓기에 내몰리는 이유는 무엇일까? 좋은 스펙을 쌓아야 성공한다고 믿기 때문이다. 스펙을 쌓아야 좋은 대학에 입학할 수 있다고 믿는다. 좋은 대학을 나와야 좋은 직장에서 편하게 살아갈 것이라고 생각한다. 그래서 부모들은 아이에게 스펙 쌓기를 강요한다.

나는 어머니 덕분에 많은 것을 배웠다. 초등학생 때부터 고등학생 때까지 나는 수영, 스키, 플룻, 단소, 장구, 논술 등등 참 많은 것을 배웠다. 우리 어머니는 종종 "너는 옆집 엄마가 키웠지."라며 나를 키우던 시간을 말씀하신다. 당시 나를 잘 키우고 싶은 욕심에 주변에서 좋다는 것은 다 가르치셨다.

그러나 중요한 것은 스펙이 아니다. 중요한 것은 아이의 자존감이다. 자존감이 낮은 상황에서는 아무리 좋은 것을 배워도 받아들여지지 않는다. 그러니 결과가 나오지 않는 것도 많았다. 나는 실패할 때마다 중간에 포기하는 끈기 없는 아이가 되기도 했다. 스펙을 쌓기 위해 한 일들이 오히려 나를 깎아내리고 있었다. 스스로를 '부족한 아이', '끈기 없는 아이', '중간에 포기하는 아이'로 생각하고 있었다. 자존감이 낮았던 어린 시절의 나는 나 스스로 인정해주고 사랑해주지 못하고 있었던 것이다.

스펙을 쌓기 이전에 자신을 사랑하는 힘인 자존감을 길러줘야 한다. 만약 아이가 자신의 능력을 의심하고 좌절감을 느끼기 시작한다면 아무리 좋은 스펙도 허울일 뿐이다. 아이 스스로 '나는 할 수 있다.' '나는 특별한 경험으로 특별한 삶을 살 것이다.'라고 생각해야 한다. 비록 실패한다 할지라도 그 안에서 특별함을 찾고 다시 도전하는 마음을 품어야 한다. 모든 경험이 아이를 성장하도록 돕는 일이 되어야 한다.

어렸을 때부터 높은 자존감을 갖고 스펙을 쌓았다면 어땠을까?

자신을 빛내주는 스펙은 자존감에서 나온다

뭘 하든 행복하게 하는 아이가 있다. 주변의 어떤 말에도 흔들리지 않고 자신의 길을 간다. 그리고 늘 성공한다는 스스로에 대한 믿음이 있다. 중요한 것은 스스로를 사랑하고 할 수 있다고 믿는 자존감에 있다. 아이의 자존감을 높여주는 것은 다양한 스펙 쌓기 이전에 반드시 해야 하는 필수 스펙이다. 석사 이상의 경력을 요구하는 구글에서 학부생으로 입사하여 지금은 상무가 된 『생각을 선물하는 남자』의 저자 김태원을 보면 자존감 높은 사람이 어떻게 자신의 스펙을 활용하는지 알 수 있다.

그는 마케팅 공모전, 논문 공모전 등 사회학과인 자신의 전공과 관련 없는 도전을 했다. 그리고 면접에서 자신이 쌓아온 스펙을 단순히 나열하여 이야기한 다른 학생들과 달랐다. 그는 입사 면접에서 자신이 살아온 과정을 자신만의 특별한 스토리로 만들어 이야기했다. 그리고 그 특별함이 구글에 입사하는 데 결정적인 역할을 했다.

특별함을 만들 수 있었던 것은 그의 자존감 덕분이다. 스스로 믿는 자신감 덕분에 스펙보다 더 빛나는 사람이 된 것이다. 어떤 스펙이든지 자신을 빛내줄 수 있는 스펙으로 만드는 것은 자존감이 높은 사람만 할 수 있다.

제대로 된 스펙은 내가 원하는 모습으로 나를 만들어가기 위해 노력하는 것이다. 이러한 마음으로 임할 때 나만의 차별화된 스펙이 쌓이는 것이다. 그러기 위해 외적인 경험보다 아이의 내면을 단단하게 해줄 필요가 있다. 아이의 내면을 단단히 하는 힘은 자존감을 키우는 것이다. 자존감을 키우지 않은 채 경험만 반복하는 것은 무의미하다.

높은 자존감으로 삶을 즐기는 아이

똑같이 스펙을 쌓아야 한다면 내 아이가 어떤 마음으로 과정을 즐기기를 원하는가. 과정도 행복하게 즐기는 아이가 결국 성공하게 된다. 아이가 하는 체험과 배움이 본인만의 스토리를 담아내는 과정이라면 그 아이는 행복하게 성장하고 성공할 수 있다. 스펙에 스스로 의미를 두고 더욱 열심히 한다. 자존감은 스스로를 특별하게 만드는 힘이기 때문이다. 자존감 높은 아이는 즐기며 스펙을 쌓아갈 수 있다.

나 역시 자존감이 높아지며 내가 해왔던 모든 일에 감사하는 마음이 생겼다. 그리고 초등학교 교사로 살아가며 내가 배워온 모든 것들을 활용하고 있다. 내가 쌓아온 스펙이 빛을 발하는 순간들이 많아졌다. 나는 더 자신감을 갖게 되었다.

아이 성공의 핵심 요소 '자존감'

성공한 미래를 위해 아이들은 놀아야 할 시간에도 학습을 하고 있다. 아이들은 뛰어놀아야 한다. 그러나 주말에도 쉬지 못하고 배우는 데 많은 시간을 쏟는다. 이렇게 노력하는 아이는 스스로 '이것이 나에게 왜 필요한가?' '나는 어떤 결정을 내릴 것인가?'를 알고 있어야 한다. 자신만의 생각으로 선택하고 도전해나가야 한다.

아이가 체험으로 배우기 이전에 내면의 성장을 우선시해야 한다. 자존 감이 높은 아이는 흔들리지 않고 자신의 길을 갈 수 있다. 작은 활동에서도 특별한 보석을 찾는 아이가 될 것이다. 부모로서 아이의 성공을 바란다면 체험도 중요하지만 우선 자존감을 키워줘야 한다. 아이 성공의 핵심 요소는 자존감이다.

아이의 자존감을 높여주는 엄마의 한마디 1

스펙보다 중요한 자존감

너는 소중한 사람이야.
너는 무엇이든 할 수 있어.

02 자존감이 내 아이의 미래를 만든다

나는 힘과 자신감을 찾아 항상 바깥으로 눈을 돌렸지만
자신감은 내면에서 나온다. 자신감은 항상 그곳에 있다.
– 안나 프로이트

　나는 학교에서 성장 글쓰기를 지도한다. 성장 글쓰기는 주제에 대한
글을 쓰며 자신을 바라보고 성장하자는 의미다. 어느 날 성장 글쓰기 주
제는 30년 후 나의 모습을 상상해보기였다. 30년 후 나의 모습을 상상해
본 아이들은 제각각 다양한 글을 썼다. 아이들의 글을 읽던 중 L의 글은
나의 마음을 아프게 했다.

　"30년 후에 전 무엇을 할 수 있을까요? 아마 집에서 핸드폰을 하며 누
워 있을 것 같아요. 전 백수가 되어 있을 것 같아요."

한참 꿈이 많아야 하는 초등학교 시절에 아이는 백수가 된 자신의 모습을 상상하고 있었다. 왜 이 아이는 백수가 되겠다고 쓴 것일까?

미래를 상상하는 힘은 자존감에서 나온다

아이는 자신의 미래가 불안했다. 하고 싶은 일이 있어도 지금 자기가 갖고 있는 모습을 생각하면 망설여진다. 성공한 사람들의 모습과 비교했을 때 스스로 도저히 이룰 수 없다고 생각하고 좌절해버렸다. 현재의 모습으로는 도저히 미래를 상상할 수 있는 힘이 없었던 것이다.

자존감은 자신의 가치에 대해 스스로 생각하는 힘이다. 자존감이 높은 아이는 스스로를 긍정적으로 생각한다. '나는 정말 대단한 아이야. 나는 여러 가지 장점이 있어. 물론 단점도 있지만 그걸 극복할 힘도 내 안에 있어. 나는 힘든 일을 겪어도 이겨낼 힘이 있어. 나는 끝까지 도전할 거야. 열심히 노력하는 내가 참 좋아.'라고 말할 수 있다.

반면 자존감이 낮은 아이는 스스로를 과소평가한다. 자신이 할 수 있다고 믿지 않는다. 그렇기 때문에 꿈도 작은 꿈을 꾸고 L처럼 아예 꿈조차 꾸지 못하는 일이 생기는 것이다. 스스로 백수가 되겠다는 L도 자존감이 높아지며 자신의 꿈을 찾아가게 되었다. 그녀는 파티시에가 되겠다는 꿈을 갖고 도전하고 있다.

W는 스스로에 대한 자신감이 넘친다. 컴퓨터를 좋아해서 스스로 조립하여 만든 컴퓨터를 갖고 있다. 누가 가르쳐주지 않아도 스스로 학습한다. W의 부모님은 아이가 공부보다 컴퓨터에 관심이 많은 것을 걱정하지만 아이는 꿋꿋하게 자신의 길을 간다. 최근에는 소프트웨어 동아리에도 도전하였고 최선을 다해 프로그래밍을 하는 열정을 보이고 있다.

W는 컴퓨터 프로그램을 개발하는 CEO가 된다는 꿈이 있다. 자존감 높은 아이들은 꿈도 크게 꾼다. 꿈을 말하는 그의 표정이 참 행복해보인다. W는 꿈을 이루기 위해 지금 현재 해야 할 일들을 명확히 알고 앞으로 나아가고 있다. 자기 자신을 믿고 미래를 준비하고 있는 것이다.

아이들도 어른이 되면 무엇을 하며 살아가야 하는지 진지하게 고민한다. 앞으로 어떻게 살아가야 할지, 부모님께는 어떻게 효도할지. 어리게만 생각했는데 기특하게도 아이들은 각자의 인생을 스스로 생각하고 결과를 하나씩 만들어가고 있다.

아이의 인생은 아이가 생각하는 대로 흘러간다. 그러니 아이가 자신에 대해 어떤 생각을 하며 살아가는지가 중요하다. 그리고 그 생각을 바탕으로 행동을 선택한다. 생각이 행동이 되고 행동은 아이의 미래를 만든다. 아이가 스스로 희망적인 생각을 하는 것은 아이의 미래를 위한 첫 발걸음이다.

자존감 높은 아이가 큰 미래를 꿈꾼다

자존감이 높은 아이들은 무엇이든 할 수 있다고 믿는다. 나는 종종 성공한 사람들의 이야기를 아이들에게 말해준다. 최근에는 천재 발명가 토머스 에디슨의 이야기를 해주었다. 에디슨의 병아리 부화 일화는 유명하다. 그는 어린 시절부터 호기심에 가득 차 있다. 그러나 그는 초등학교 3학년 때 학교에서 퇴학당한다. 일반적인 사회의 시선으로 보면 그는 실패한 것이다.

그러나 에디슨은 '나는 반드시 성공한다.'는 믿음이 있었다. 그의 강한 믿음은 그를 끊임없이 도전하게 했다. 그는 백열전구를 만들 때 수많은 실패 끝에 성공을 했다. 그리고 특허의 종류만 1,000개가 넘는 성공한 발명가의 삶을 살았다. 그 성공은 그가 당연히 할 수 있을 거라는 믿음에서 시작된 것이다. 그리고 나는 그 성공이 그의 자존감에서 시작되었다고 생각한다.

실패는 성공으로 가는 과정이다. 수많은 실패 속에서도 반드시 성공하고야 만다는 생각이 늘 그를 도전하게 만들었던 것이다. 그는 실패를 발판으로 삼아 성공했다. 주위에서 하는 부정적인 말들도 그의 자존감을 손상시키지는 못했다. 그리고 결국 그는 끊임없는 도전 끝에 성공했다.

자존감이 높은 아이들은 내가 해주는 성공한 사람들의 이야기를 듣는

자존감이 높은 아이는 아이 스스로 긍정적인 미래를 만든다.

눈에서 빛이 난다. 자신도 그렇게 도전하면 성공할 수 있다고 믿는 것이다. 성공할 것이라는 믿음에서 자신의 미래를 상상한다.

자신의 미래에 대해 기대를 하면 그 기대감이 저절로 행동으로 이어지게 된다. 소풍 가는 날 아침에 아이는 깨우지 않아도 일어난다. 가슴이 두근거리는 일이 시작될 것이라는 마음 때문이다. 가슴 뛰는 일을 하게 되면 자다가도 벌떡 일어나는 경험을 한 번씩 해봤을 것이다. 자신에 대해 긍정적인 믿음을 갖고 꿈을 꾸는 아이는 행복한 열정으로 가득 찬 삶을 살아갈 것이다.

자존감이 높은 아이는 스스로 긍정적인 미래를 만든다. 그 아이들은 현재를 받아들이고 자신이 잘하는 점을 찾아 발전시킨다. 성공한 사람들 중 어린 시절부터 뛰어난 역량을 보인 사람은 드물다. 처음 시작할 때 '못하는 나'를 받아들이고 묵묵히 성공을 향해 나아간다. 그리고 그런 사람들이 성공한 삶을 살았다.

지금의 나를 그대로 받아들이고 사랑하는 힘은 높은 자존감에서 나온다. 자존감이 높은 아이는 희망 찬 미래를 만든다. 그러므로 아이의 자존감을 키우는 일은 아이의 미래를 만들어주기 위해 가장 먼저 실행되어야 한다.

미래를 만들어가는 자존감

너는 무엇이든 할 수 있는 능력이 있어.
너는 대단해. 너는 분명히 성공한 삶을 살게 될 거야!

03 아이는 엄마를 자신의 세상 전부로 생각한다

아이에게 해줄 수 있는 부모의 가장 큰 선물은
부모 스스로가 행복한 것입니다.
부모가 행복하면 아이는 자존감이 높은 어른으로 성장할 수 있어요.
– 혜민 스님, 『완벽하지 않은 것들에 대한 사랑』 중.

"엄마~!" 오늘도 우리 아이들은 자다가 나를 찾는다. 잠결에 눈도 못 뜨고 엄마의 살결을 만지며 엄마를 확인한다. 혹시 내가 거실에서 일을 하고 있을 때는 꼭 나와서 내가 있는지 확인한다. 그리고 나서야 다시 편안하게 잠이 든다. 엄마가 곁에 있어야 안심을 한다.

임신 중에 아이는 엄마와 탯줄로 이어져 있다. 엄마는 태교를 위해 음식도 좋은 음식만 먹고 보고 듣는 것도 조심한다. 엄마의 모든 행동이 태아에게 영향을 주기 때문이다. 태동을 느껴본 사람은 아이가 내 안에서 자라고 있음을 알 것이다. 뱃속에서 꼬물거리는 느낌은 생명이 자라고 있다는 확신을 준다.

아이가 태어나면 먼저 탯줄을 자른다. 이제 엄마로부터 한 명의 독립적인 인격체로 자라게 되는 것이다. 그러나 아이는 감정의 탯줄로 계속 엄마와 연결되어 있다. 자라는 동안에도 엄마는 아이에게 끊임없이 영향을 준다.

'엄마'의 엄마로부터 느낀 세상

어린 시절 어머니는 내 세상의 전부였다. 나는 어머니가 없으면 어떻게 될지 늘 걱정이었다. 왜냐하면 아버지는 술을 드시면 주사를 부리셨고 어머니는 이런 아버지를 피해 집을 나가셨기 때문이다.

하루는 엄마가 낮에 집을 나가셨다. 당시 우리 집은 시장 골목에 있었는데 나는 어머니를 찾아 큰길까지 달려갔다. 우리 집에서 골목을 지나면 4차선 도로가 넓게 이어졌다. 나는 그 끝까지 달려가며 계속해서 어머니를 찾았다. 어머니는 보이지 않았다. 넓고 큰 횡단보도가 있었고 차들만 지나다녔다.

나중에 알게 된 이야기이지만 어머니도 그런 나를 보며 숨어서 울고 계셨다고 한다. 울면서 어머니를 찾는 아이를 보고 당장 달려가 안아주고 싶었다고 말씀하셨다. 어머니도 얼마나 힘드셨을까. 결혼해서 남편만 믿고 사는데 그 남편이 힘들게 하니 어머니도 다른 방법을 못 찾으셨을 것이다.

하지만 어린 나에게는 엄청난 시련이었다. 어머니께서 아무 말 없이 사라지고 나면 나는 한 번은 고모 댁에서, 다른 때에는 외할머니 댁에서 어머니를 기다렸다. 시간이 지나고 두 분이 화해를 하시면 어머니가 집으로 오셨다. 나는 그때부터 내가 받아온 불안을 어머니에게 표현했다. 떼를 쓰고 어머니 옆에서 떨어지지 않았다. 계속해서 어머니에게 매달렸다.

나는 어머니가 언제 또 떠날지 모른다는 불안감이 있었다. 나는 나를 감추고 어머니의 틀에 나를 맞추는 것으로 스스로를 보호했다. 나는 어머니 말을 잘 듣는 착한 아이의 가면을 쓰고 살았다. 어머니가 좋아하는 아이가 되어야 나를 버리지 않을 것이라고 생각했기 때문이다.

나는 불안했기에 엄마의 틀에 맞추어 자라났다. 사람은 살아가기 위해 스스로 가면을 만든다. 그리고 그 가면 안에서 보호를 받는다고 느낀다. 그러나 나는 그 가면 속에서 불행했다. 엄마의 기분을 맞추기 위해 살아갔고 엄마의 평가에 흔들렸다.

힘든 어린 시절은 나에서 끝내기

모든 부모는 아이를 행복하게 키우고 싶어 노력한다. 그렇지만 과거의 방식으로 양육된 사람은 양육된 육아를 위해 노력한다. 육아서도 읽고 아이가 성장하는 시기에 맞춰서 공부한다. 그러나 문득 자신을 키워준 엄마처럼 아이를 키우고 있는 스스로를 발견하고 속상해한다.

매 순간 최선을 다 하지 않는 부모가 어디에 있을까? 나는 어머니께 늘 감사한 마음을 갖는다. 힘든 시기도 견디시고 우리를 바르게 키워주셨다. 다만 나는 나의 아이가 행복하게 자랄 수 있도록 우리 어머니가 나를 키운 방법에서 안 좋은 것들은 고쳐나가기로 다짐했다. 나는 육아 관련 도서를 읽었고 책의 내용을 내 삶에서 실천했다. 그리고 나는 내가 만나는 학생들의 자존감과 부모의 역할 사이의 관계에 대해서도 알아보았다.

나는 우리 아이의 육아 키워드를 자존감에 맞추고 자존감을 높여주기 위해 노력했다. 내가 만나는 학생들에게도 자존감을 키워주기 위해 최선을 다했다. 사실 그 과정에서 아이의 자존감만 높아진 것은 아니다. 아이를 대하는 태도는 나 스스로를 대하는 태도로 이어졌다. 자존감 향상의 선순환이 만들어진 것이다.

자존감 높은 아이로 키우는 첫 번째 "애착형성"

아이는 엄마를 자신의 세상 전부로 생각한다. 엄마와 안정적인 관계를

매 순간 최선을 다 하지 않는 부모가 어디에 있을까?
나는 어머니께 늘 감사한 마음을 갖는다.

갖고 있는 아이는 평온한 삶을 살아간다. 태어날 때부터 자존감의 크기가 정해져 있는 것이 아니다. 아이의 자존감은 태어난 이후 어떤 경험을 하느냐가 중요하다. 아이가 지금 청소년기를 보낸다고 해도 마찬가지다. 아이의 자존감은 언제든 자랄 수 있다. 이를 위해 아이와 많은 시간을 보내는 엄마와 아이의 좋은 애착 형성이 중요하다. 심리학자 볼비에 의하면 애착은 부모와 아동이 갖고 있는 유대관계라고 한다. 아이와 부모의 따뜻한 정서적 관계로 안정된 애착 형성은 아이의 자존감과 아이의 또래 관계에 큰 영향을 미친다.

엄마가 아이에게 믿음을 주는 것은 애착 형성의 첫 시작이다. 부모와 아이의 신뢰관계는 아이의 자존감을 키우는 것으로 이어진다. 나는 아이를 두고 외출할 때 항상 엄마가 어디에 가는지, 또 언제 오는지 말해주고 나간다. 아이가 울까봐 몰래 빠져나가는 건 아이와 신뢰관계를 만들지 못한다고 생각한다. 아이를 불안하게 만들기 때문이다.

아이가 엄마와 떨어지면서 우는 건 당연하다. 많은 부모들이 그 울음을 피하기 위해 아이에게 사실을 말해주지 않는다. 그러나 아이는 상황이 예측 가능하다고 여겨질 때 편안함을 느낀다. 그러니 아이가 울어도 언제 올 건지 무엇을 하러 가는지 정확하게 이야기해야 한다. 아직 알아듣지 못한다고 생각되는 영아 시기부터 시작해야 한다.

나는 아이를 시부모님께 맡기고 일을 하러 갔다. 출근시간에 아이는 할머니 품에 안겨 울었다. 나는 우는 아이에게 "재미있게 놀고 있어. 엄마는 일을 하고 5시까지 올 거야."라고 이야기해줬다. 나는 매일 아이에게 내가 일을 마치면 돌아올 것이라고 이야기해주었다. 아이는 서서히 적응해가고 나를 믿기 시작했다. 사실 아이가 우는 건 헤어지는 그때뿐이다. 걱정되는 마음에 밖에서 전화를 해보면 아무 일 없다는 듯이 잘 놀고 있다고 했다. 그리고 내가 일을 끝내고 돌아왔을 때 아이는 밝은 얼굴로 나를 맞이해주었다.

아이가 엄마를 믿는 것은 중요하다. 그리고 그 믿음은 엄마의 일관된 행동과 상황을 정확하게 말해 주는 것에 있다. 아이는 엄마에 대한 믿음이 확실할 때 스스로를 바라보게 된다. 아이의 자존감은 전적으로 부모의 태도에 달려 있다. 내 아이를 바라보는 시선, 내 아이에 대한 부모의 믿음, 사랑 표현 등 모든 것이 아이의 자존감 형성에 도움이 된다. 왜냐하면 어린 시절 부모가 아이에게 미치는 영향력이 크기 때문이다.

지금까지 자존감을 키우는 것을 놓쳤다 해도 괜찮다. 자존감은 언제든 향상될 수 있다. 부모가 마음먹는 이 순간이 시작이다. 아이는 엄마라는 세상 안에서 자신을 평가한다. 엄마가 바뀌면 아이는 바뀌게 된다. 아이는 엄마를 자신의 세상 전부로 생각하기 때문이다.

엄마로부터 인정받는 자존감

사랑해. 엄마 아이로 태어나줘서 고마워.

04 자존감이 아이의 인생을 바꾼다

현재 위치가 소중한 것이 아니라 가고자 하는 방향이 소중하다.
― 올리버 웬델 홈즈

우리는 매일 새로운 선택을 하며 살아간다. 무엇을 먹을까? 어떤 옷을 입을까? 오늘은 누구와 놀까? 나는 뭘 하며 살까?

단순한 것에서 복잡한 것까지 선택의 연속이다. 그리고 그 선택지들을 놓고 결정을 할 때에는 나의 생각, 환경, 주변의 시선들이 영향을 미친다. 결정을 잘하는 사람을 보면 자신의 주관이 뚜렷하다. 그리고 다른 사람의 반응을 신경 쓰지 않는다.

자존감을 키워주는 것은 작은 성공 경험이다

중학교 3학년 담임선생님이 역사 선생님이셨는데 선생님이 너무 좋았다. 그게 계기가 되어 역사를 좋아하게 되었다. 고등학교에 입학해서 얼마 지나지 않아 선배들이 역사 동아리를 홍보하고 다녔다. 나는 망설임 없이 역사 동아리를 선택했다. 나는 그 역사 동아리에 들어가서 나의 생각으로 선택하고 결정하는 것이 얼마나 행복한지 알게 되었다.

나는 동아리 회장을 맡게 되었다. 작은 직책이었지만 회장을 맡은 나는 기쁜 마음에 열심히 참여했다. 동아리 회장으로 가장 중요한 일은 동아리 축제를 기획하는 것이었다. 나는 그 동안 해보지 않은 시도를 했다. 나는 교실을 전시관처럼 바꾸고 검정색 비닐을 구해서 천장에서부터 내려오게 붙였다. 그리고 그 길을 따라 전시를 했다. 동아리 부원들은 계속해서 힘들어했지만 나는 성공적인 전시가 될 것이라고 확신했다. 동아리 부원들에게도 '할 수 있다.'고 계속 격려했다. 심지어 주말에도 나와서 열심히 준비했다. 결과는 대성공이었다. 전시를 본 관람객들은 크게 호응했다.

나는 성공의 기쁨을 맛보았다. 처음부터 끝까지 내가 주도하여 이뤄낸 결과였다. 준비를 하며 많은 것을 결정해야 했다. 전시를 하는 방법, 전시를 준비하는 시간 등등 하나씩 선택하고 결정하며 나는 나의 선택이 옳다는 확신을 갖게 되었다. 내가 할 수 있다는 믿음을 가졌다. 그리고 이 경험은 나의 자존감을 높여주었다.

자존감이 높아지고 나는 뭐든 적극적으로 할 수 있는 힘이 생겼다. 나는 내가 마음먹으면 못하는 것은 없다고 생각했다. 스스로의 능력을 믿는 것은 중요하다. 나를 믿을 때 용기를 낼 수 있기 때문이다.

나는 사실 초등학교 3학년부터 6학년까지 매번 회장 선거에 나갔지만 단 한 번도 회장이 될 수 없었다. 그 이유가 무엇이었을까? 어른이 되어서야 그 이유를 생각해보게 되었다. 지금 생각해보면 나 스스로 회장을 할 수 있다는 믿음이 부족해서였던 것 같다. 자존감이 낮았던 나는 스스로 나의 능력을 믿지 못했던 것이다.

그럼에도 긍정적이고 사교적이었던 나는 친구들과 친해지며 점점 나의 모습을 드러낼 수 있었다. 그리고 이런 모습을 보고 친구들은 나를 인정해준 것이다. 1학기 중반쯤이 됐을 때 친구들은 "네가 회장이어도 좋았을 텐데……."라고 했다. 하지만 나는 나를 믿지 못했다. 내가 나를 믿지 못하니 친구들에게 확신을 줄 수 없었다. 그 결과 나는 내가 내 이름을 소심하게 적은 그 한 표만 받을 수 있었다.

반면 고등학교 때 동아리 회장을 하게 된 것은 나 스스로에게 확신이 있었던 까닭이다. 역사를 좋아했고 역사라면 잘할 수 있다는 믿음이 있었다. 그 믿음은 다른 친구들에게까지 전해졌다. 동아리 부원들은 나를 믿었고 나도 나를 믿었다. 나를 회장으로 뽑아주었고 나는 새로운 도전을 할 수 있었다. 그리고 도전에서 포기하지 않고 끝까지 노력했다.

스스로를 믿고 "JUST DO!"

자존감이 높은 아이는 자신의 능력이 대단하다고 믿는다. 그리고 무엇이든 할 수 있다고 생각한다. 자존감이 높은 아이들은 확고한 신념이 있다. 그리고 어떤 상황에서도 이겨낼 수 있다고 믿는다. '해볼만 하다.' '할 수 있다.'라고 생각하는 힘은 아이의 선택을 바꿔준다. 그리고 스스로의 능력을 믿고 어떤 일이든 해낼 수 있다고 믿는다. 그리고 그 선택은 아이의 삶을 성공으로 이끈다.

스스로에 대한 가치를 믿는 것이 얼마나 중요한지를 보여주는 이야기가 있다. 뉴욕 브루클린의 빈민가에서 태어나 흑인 최초로 뉴욕 주지사가 된 로저 롤스 이야기다. 그는 폴 선생님을 만나 스스로 가치 있는 사람이 될 것이라는 믿음을 갖고 살아갔다. 폴 선생님을 만나고 자기 가치에 대한 믿음이 커진 것이다. 폴 선생님은 문제 행동을 하는 학생들에게 손금을 봐주며 기적 같은 예언을 선물해주었다. 당시 그 지역 사람들은 손금으로 본 예언을 정말 믿었다. 로저 롤스는 스스로에게 자신이 없었다. 자기 차례가 되었을 때 선생님이 불길한 예언을 할까봐 걱정했다. 걱정 가득한 로저 롤스에게 폴 선생님은 더욱 확신에 찬 어조로 다음과 같이 말했다.

"넌 정말 굉장한 인물이 되겠구나!"

"너는 커서 뉴욕의 주지사가 될 운명이란다."

로저 롤스는 선생님의 말씀을 듣고 의아했다. 지금의 모습으로는 상상할 수 없는 미래였던 것이다. 그러나 그는 자신이 뉴욕 주지사가 될 아이라고 믿었다. 스스로에 대한 믿음은 그의 행동을 바꾸었다. 선생님의 예언이 그의 자존감을 높여준 것이다. 그는 더 이상 문제 행동을 하지 않았다. 행동을 통제하기 시작했다. 이미 성공한 사람의 삶을 살기 시작했다. 결국 그는 쉰한 살의 나이에 뉴욕 주의 53대 주지사가 되었다.

로저 롤스가 계속해서 아무것도 못하는 아이라고 믿었다면 그의 인생은 어떻게 되었을까? 사람은 누구나 믿는 만큼 자란다. 스스로 할 수 있다고 생각한 범위에서만 성공한다. 아이들이 체육시간에 뜀틀을 할 때 보면 넘을 수 있을 것 같다고 생각한 그 단까지만 넘을 수 있다. 인생도 똑같다. 넘을 수 있다고 생각된 역경까지 견디고 극복할 수 있다.

스스로에 대한 믿음은 아이의 인생을 바꾼다. 자존감이 높은 아이는 자신에게 긍정적인 믿음이 있다. 그 믿음의 시작은 주변에서 만들어주어야 한다. 높은 자존감은 타고나지 않기 때문이다. 아이가 하는 성공 경험들이 모이고 주변으로부터 듣는 말에 의해 자존감은 만들어진다. 자존감이 높은 아이는 스스로 할 수 있다고 생각하고 자신의 행동을 선택한다. 그리고 그 선택엔 흔들림이 없다.

미래에 대한 확신에서 나오는 행동은 삶을 성공으로 이끈다. 성공을 확신하며 가만히 누워서 시간을 보낼 수 없다. 부단히 노력하게 된다. 내가 성공할 것이라 믿으면 지금의 힘든 역경도 참아낼 수 있다. 성공을 위해 내가 해야 한다고 생각되면 아이는 이겨낼 수 있다. 이미 그 아이 안에 잠재되어 있는 힘이 있기 때문이다.

조금씩 1cm씩이라도 앞으로 나아가는 아이는 그 힘으로 계속해서 성장하게 된다. 워렌 버핏의 복리효과를 아는가? 처음에는 작아보이는 시작도 그 행동들이 쌓이게 되면 눈덩이 불어나듯 크게 되는 것이다. 자존감을 높여준 성공의 행동이 또 다른 도전을 불러온다. 그리고 그 도전을 통해 자존감은 다시 한 번 높아진다. 이 아름다운 선순환이 아이의 인생을 바꾼다. 자신의 힘으로 선택해 이뤄본 경험이 있는 아이는 도전을 두려워하지 않는다. 새로운 것에 계속해서 도전한다. 아이가 자존감이 높아지는 경험을 많이 할 수 있도록 해야 한다. 그럴 때 아이는 자기 잠재의식의 힘을 믿고 도전하며 인생을 하나씩 바꿔 간다.

인생을 바꾸는 자존감

넌 정말 굉장한 사람이 되겠구나!
넌 언제든 할 수 있어!

05 자존감 높은 아이가 당당하다

무슨 일이든 조금씩 차근차근 해나가면 그리 어렵지 않다.
– 헨리 포드

당당한 아이는 부모로부터 만들어진다

L선생님은 초등학교 4학년 담임이다. 그 반 앞에는 오늘도 S의 엄마가 찾아왔다. L선생님은 매번 찾아오시는 부모님이 이해가 안 되는 것은 아니다. 왜냐하면 S는 틱 장애가 있는 학생이기 때문이다. 그녀는 불안하면 눈을 계속 깜빡거렸다. 그리고 다른 아이들이 하는 행동에 더 예민하게 반응했다. 그런데 S의 부모님은 아이보다 아이의 학교생활에 더 예민하게 반응했다. 그녀의 엄마는 S로부터 연락을 받으면 그 즉시 학교로 달려오는 것이었다.

그 날엔 다음과 같은 이유로 학교로 오셨다. L선생님 반은 체육 수업시간 앞구르기를 연습 중이었다. 다른 친구가 S에게 "빨리 넘어~!"라고 재촉했다. S는 그 말을 자기를 괴롭히려는 것으로 이해했다. 그리고 바로 엄마에게 연락을 했다. 친구가 괴롭힌다고 전한 것이다. 체육 시간이 끝나고 쉬는 시간에 S의 엄마가 학교로 왔다.

L선생님은 아이의 연락을 받고 바로 학교로 찾아온 엄마에게 편안한 미소로 "아이들이 자라는 데는 시간이 걸리죠." "아이가 해결할 수 있게 기다리는 게 중요합니다."라고 말씀하셨다. 이 말을 들은 S의 엄마는 다행히 본인의 행동이 잘못된 행동임을 깨달았다.

교사모임에서 L선생님은 스스로 하도록 기다려주지 못하는 부모님의 행동에 속상하다고 말씀하셨다. 최근 S의 엄마와 같은 학부모와 아이들이 많아지고 있다. S는 자신의 사소한 일도 엄마를 통해 해결하려고 하고 있다. 그 동안 아주 사소한 일에도 아이는 엄마의 해결을 요청하고 그 엄마는 바로 아이의 행동에 개입해왔다. 아이는 점점 더 엄마에게 의존하여 문제 상황을 해결하려 하고 있었다.

S의 엄마도 처음 시작엔 아이를 보호하기 위해 한 것이었을 테지만 점차 과보호하게 되었다. 초등학교 4학년인 지금 S는 엄마에게 모든 것을 의존하는 아이가 되었다.

자존감 높은 아이는 반성하고 스스로 책임진다

반면 P는 굉장히 독립적인 아이다. 그는 하고 싶은 일을 거침없이 한다. 또한 자신의 행동이 잘못되었을 때는 즉각 인정한다. 자신의 행동을 스스로 선택하고 그 책임까지 자신이 지는 것이다.

최근 나는 P와 몇 명의 아이들과 함께 박물관에서 진로 체험을 진행하였다. 그는 박물관에 전시된 컴퓨터 프로그램을 만지다 망가뜨렸다. 그는 걱정 가득한 표정으로 나를 찾아왔다. 그리고 자신의 잘못을 인정하고 나에게 조언을 구했다. 그리고 그는 박물관에 해설자 선생님께 가서 사실을 말씀 드렸다.

"선생님, 제가 터치스크린을 조작하다가 프로그램이 꺼져 버렸습니다. 죄송합니다. 어떻게 해야 할까요?"

아이의 말을 듣고 해설자 선생님은 괜찮다며 나중에 확인하겠다고 하셨다. 아이의 용기 있는 행동이 상황을 쉽게 해결하였다. 잘못을 했을 때 먼저 인정하고 그 행동에 사과를 하면 쉽게 해결되는 경우가 많다. 자존감이 높은 아이들은 자신의 잘못에도 당당하다. 상황을 해결할 수 있는 방법을 알고 있다. P는 이 상황에서 또 한 번 자존감이 높아졌을 것이다.

무슨 일에든 변명하고 핑계를 대는 아이들이 있다. 잘못된 행동이 무엇인지 알려줘도 아이는 "저만 그런 것 아닌데요.", "다른 애들도 그랬어요."라며 자신의 잘못된 행동이 정당하다는 외부적인 이유를 찾는다. 잘못된 자신의 모습을 인정하는 것도 용기가 필요하다. 변명하는 아이는 잘못을 인정하지 못하고 상황에서 도망치려고만 한다. 그러나 자기 자신으로부터 도망갈 수 있는 사람은 아무도 없다.

독립적인 아이로 키우는 방법

당당함이란 독립적인 행동이고 자신의 행동에 책임을 지는 것이다. 당당한 아이는 스스로 선택하고 그 선택에 책임을 진다. 변명을 하지 않는다. 자신이 잘못한 일에 대해서는 바로 잘못을 인정하고 용서를 구한다. 변명이나 핑계 뒤에 숨지 않는다.

부모는 아이를 독립적으로 키우고 싶어 한다. 최근 성인이 되어도 부모님의 경제력과 보호 아래 살아가는 사람들이 많다. 내 아이의 미래를 이런 모습으로 상상하는 사람들은 없다. 아이가 자라며 엄마에게 의지하는 것은 당연하다. 하지만 자라는 과정에서 스스로 독립적으로 생활해 나가야 한다.

아이가 스스로 할 수 있도록 기다려준다.

그럼 당당한 아이로 키우는 방법은 무엇일까?

첫째, 아이가 스스로 할 수 있도록 기다려준다.

아이가 바쁜 아침 시간에 스스로 양치질을 하겠다고 고집을 부리기 시작한다. 1분이 아까운 상황에서도 느긋하게 양치를 하고 있는 아이를 보면 답답하다. 내가 후딱 시키고 나면 금방 끝나기 때문에 얼른 잡고 해주고 싶다.

나는 아이와 실랑이 하며 하루를 시작하고 싶지 않았다. 나는 전략을 바꾸어 10분 일찍 아이를 깨워 아이가 스스로 할 수 있는 시간을 만들어 주었다. 그랬더니 아이도 스스로 해볼 수 있고 나도 좀 여유롭게 기다려줄 수 있었다. 엄마가 되는 일은 인내를 배우는 일이라고 생각한다. 아이가 서툴러도 스스로 해볼 수 있도록 기다려주는 것을 마음에 새긴다.

둘째, 아이에게 "도와줄까?"라고 물어본다.

아이가 스스로 하겠다고 하지만 잘하지 못하는 경우도 많다. 그럴 때 "거봐, 너는 안 된다고 했지?"라고 이야기해서는 안 된다. 아이가 시도하는 것은 자존감을 키우는 데 굉장히 중요하다. 그리고 아이가 못하는 것은 당연하다. 아이는 지금의 실패로 무한히 성장할 가능성을 갖고 있다는 사실을 늘 인지하고 있어야 한다.

나는 못해서 힘들어하는 아이에게 비난의 말 대신에 "도와줄까?"라고 물어본다. "도와줄까?"라는 말을 들은 아이의 기분은 어떨까? 못해도에도 안심할 것이다. 새로운 일에 도전하는 것을 편안하게 생각하게 될 것이다. 그리고 스스로 해 보려 시도한다. 만약 어려운 일이 있을 때는 엄마에게 도움을 요청하면 된다고 생각하기 때문이다.

셋째, 아이와 나의 상황을 최대한 분리하여 생각하려고 노력한다.

내 아이의 상황을 객관적으로 보려고 노력한다. 엄마가 되어 아이가 서툴게 하면 무조건 해주고 싶은 마음이 든다. 실패하는 과정이 안타깝고 이미 정해진 답이 있는 것 같은데 헤매는 모습을 기다려주기 힘들다. 하지만 지금 해주는 것보다 내 품에 있을 때 아이가 충분히 혼자 살아가는 연습을 할 수 있도록 해줘야 한다. 아이가 독립적으로 살아갈 수 있도록 준비를 해야 한다.

행복한 동기부여가이자 작가인 닉부이치치를 잘 알 것이다. 닉부이치치는 장애를 갖고 있다. 그럼에도 불구하고 그는 혼자서 모든 생활이 가능하다. 팔 다리가 없지만 음식을 혼자 먹고 스포츠를 즐기며 살아간다. 그의 부모님은 그를 부모에게 혹은 다른 사람에게 의존하지 않게 키웠다.

닉부이치치가 처음부터 이렇게 잘할 수 있는 것은 아니었을 것이다. 그 부모는 아주 작은 실행부터 하나씩 스스로 할 수 있도록 기다려주고 지지하고 칭찬했다. 독립적인 아이로 키우는 것은 아주 작은 단계부터 시작해야 한다. 태어나서는 엄마에게 의지하지만 점차 하나씩 해나가야 한다. 아이가 스스로 할 수 있는 일이 많아지는 것은 아이가 독립적으로 살아갈 수 있는 힘을 키워주는 것이다.

엄마가 믿어주고 기다려줄 때 아이는 스스로 당당하다

자존감이 높은 아이는 당당하다. 당당한 아이로 키우려면 엄마가 좀 더 의연해져야 한다. 아이의 마음에는 공감을 하되 스스로 상황을 해결할 수 있도록 충분히 기다려줘야 한다. 아이는 믿는 만큼 자란다. 그리고 엄마가 아이를 믿는 만큼 아이 스스로 할 수 있게 된다. 처음부터 잘하는 아이는 없다. 그러나 자존감이 높은 아이는 자신이 해결할 수 있는 범위가 점점 넓어진다. 엄마가 믿어줄 때 아이는 스스로 당당하다.

당당하게 만드는 자존감

난 널 계속 기다릴 거야.
난 네가 끝내는 잘해낼 거라고 믿어!

06 자존감은 자기 자신에 대한 평가다

믿음은 산산조각 난 세상을 빛으로 나오게 하는 힘이다.
– 헬렌 켈러

"있는 그대로의 나를 사랑하라"

동기부여가 루이스 헤이가 그의 저서 『치유』에서 강조한 말이다. 있는 그대로 나를 사랑하는 것은 쉬운 듯 어렵다. 스스로에 대한 평가가 가장 냉정하기 때문이다. 그러나 살면서 스스로를 어떻게 평가하는가는 매우 중요하다. 인생의 관점이 달라지기 때문이다.

자존감이 높은 사람은 스스로를 사랑할 수 있다. 그리고 자존감은 현재의 상황을 인정하고 사랑하는 것으로, 있는 그대로의 나를 받아들일 수 있는 힘이다.

나 스스로를 어떻게 평가하고 있는가. 나는 언제나 나에게 제일 가혹한 평가를 했다. 그러니 자신감도 없었다. 주위에서 잘한다는 칭찬을 받아야 조금 괜찮아졌지만 다시 나를 깎아내릴 때가 많았다.

나의 가장 큰 적은 나였다. 내가 나를 비하하지 않고 객관적으로 바라보는 것이 필요했다. 나에게 스스로 '지금 어떤 상황인가'를 끊임없이 질문하기 시작했다. 그리고 그 질문을 통해 나를 이해하고 나에게 위로를 하고 괜찮다고 말할 수 있게 되었다.

나의 상황을 인정하고 감사하는 마음을 갖는 것은 나의 자존감에도 영향을 주었다. 감사하는 마음은 감사로만 끝나지 않았다. 감사는 나 자신을 그대로 사랑하는 모습으로 이어졌다. 자존감이 낮아 힘들어하던 내가 자존감이 높아지면서는 나 스스로를 다르게 평가하기 시작했다.

우리는 다른 사람들과 달리 각자만의 독특한 개성이 있다. 나의 상황을 파악하고 받아들이면 다른 사람들과 비교하는 마음이 사라진다. 있는 그대로의 나를 발견하는 것이다. 그 순간부터 나는 자유로워진다. 애써서 다른 사람처럼 살아야 된다고 다그치지 않게 된다.

스스로를 긍정적으로 바라보는 힘, 자존감

초등학교 3학년까지 학교를 다녀 본 적이 없는 M이 학교에 다니게 되었다. 자음과 모음이 무엇인지 몰라 받아쓰기도 제대로 하지 못하고 책 읽는 것조차 어려웠다. M은 학교가 끝난 후에 따로 수업을 듣는다. 그러나 M은 창피해하지도 않고 정말 즐기며 배운다.

M은 하나하나 알아가는 것을 너무 재미있어 했다. 얼마나 재미있어 하는지 집에 가야 하는 시간에도 더 배우고 싶어 했다. 조금 멀리 살고 있어서 학원차로 집에 가야 했던 그 아이는 부모님께 말씀드려 데리러 와 달라고 했다. 그 아이의 부모는 기쁜 마음에 아이를 지원해주었다.

M과 이야기를 나누며 M이 스스로 자신의 모습을 사랑하고 인정하고 있다는 것을 알게 되었다. 그녀는 친구들과 비교하지 않고 자신이 모르는 것을 배우는 그 자체를 즐기고 있었다. 사람은 자신이 모르는 것을 인정하고 그 상황에서 배움을 시작할 때 가장 효과적으로 학습을 한다.

자기 자신에 대해 스스로 어떤 평가를 내리는가는 그 아이의 행동을 결정한다. '나는 모른다.'라고 생각하는 것과 '나는 지금 알아가고 있는 중이다.'라고 생각하는 것에는 큰 차이가 있다. 앞의 아이는 좌절을 경험하고 뒤의 아이는 배우는 과정에 기쁨과 도전을 경험한다.

이런 생각의 차이는 자존감에서 나온다. 나 스스로를 긍정적으로 바라보는 힘은 자기 자신을 사랑하는 데서 시작한다. 나를 좋아하고 사랑하며 나의 능력을 믿으면 지금 못하는 것쯤이야 쉽게 극복할 수 있다고 생각한다.

최근 교육학자들은 자기 자신에 대한 생각인 '메타인지'를 중요하게 생각한다. 미국의 심리학자 존 플레벨은 메타인지에 대해 다음과 같이 이야기했다. 메타인지는 내가 무엇을 알고 모르는지에 대해 아는 것으로 시작한다. 그리고 자신이 모르는 부분을 보완하기 위한 계획과 그 계획의 실행과정을 평가하는 것에 이르는 전반을 의미한다.

나는 얼마만큼 할 수 있는가. 내가 잘 하는 일은 무엇인가. 좋아하는 일에 대해서는 내가 할 수 있는 범위가 어디까지인가? 계속 스스로 질문하며 나를 아는 것은 중요하다.

"너의 생각은 어때?"

"몰라요."

스스로 생각해보기 위한 질문에도 자존감 낮은 아이들은 말해주는 것이 없다. 아이의 대답을 기다리다 그 끝에 제안한 일을 그저 따른다. 자기주장이 없는 아이들은 자기 자신에 대해 생각해본 적이 없기 때문에 의지도 없다. 심각하게도 자기 스스로 못하는 아이라고 단정 지으며 좌절한다.

자존감을 높이는 긍정 확언

자신에 대한 긍정적인 평가는 아주 중요하다. 나는 매일 의도적으로 긍정적으로 생각하려고 노력한다. 매일 성공을 확신하는 긍정적 확언을 한다. 그리고 그 확언을 10번 이상 반복하여 쓴다. 적는 것만큼 확실히 효과 있는 방법이 있을까? 긍정 확언을 하며 나의 자존감은 점점 향상되었다.

아이를 키우는 것이 힘이 들고 아이가 걱정된다면 오히려 아이와 행복한 모습, 아이가 자존감 높게 성장한 모습이 다 이루어졌다고 상상해서 확언을 해야 한다.

'우리 아이의 자존감이 높아지고 행복한 아이가 되었습니다. 감사합니다.'

엄마의 긍정 확언은 엄마의 시선을 바꾸어준다. 그리고 결과적으로 엄마의 긍정적인 평가에 아이는 스스로 긍정적으로 자기 자신을 바라본다.

아이 스스로 긍정적 확언을 해나가는 것도 좋은 방법이다.

'나는 매일 매일 더 나은 방향으로 성장하고 있습니다. 감사합니다.'

매일 한 줄씩이라도 긍정적인 평가를 스스로에게 한다면 아이의 사고의 틀을 바꿔줄 것이다. 성공은 자기 확신에서 출발한다. 성공에 대한 확신을 가진 사람은 그 성공을 끌어들인다. 당연히 이룰 수 있다고 생각하기 때문에 실행하고 이룬다. 성공 확신은 자기 자신에 대한 긍정적인 평가에서 시작된다. 지금의 상황을 감사하게 받아들이고 내 능력을 충분히 믿는다.

나폴레온 힐의 저서 『결국 당신은 이길 것이다』에서 방황하지 않는 자들은 자주적으로 생각하는 능력이 있다고 말한다. 그리고 어떤 일에서든 이런 능력을 활용한다고 한다.

자존감이 높은 아이는 내가 할 수 있다는 믿음이 있다. 그리고 자기 자신에 대해 긍정적으로 평가한다. 자존감이 높은 아이는 스스로를 긍정적으로 평가하고 행복한 아이로 성장해나간다.

자신을 다시 보는 자존감

너는 최고의 아이로 잘 자라고 있어.
엄마도 너를 정말 행복하게 키우고 있어.

07 자존감은 아이를 자기 인생의 주인이 되게 한다

왜 자꾸 남이 하는 일만 선망하는가?
당신 자신이 되어라. 다른 사람의 자리는 모두 찼다.
– 김난도

모두가 선택하는 길이 옳은 길이 아니다

멘토링을 하며 만난 대학생이 나에게 진로 관련 상담을 요청해왔다. 그녀는 사회복지학과를 다니는 4학년 학생이다. 대학교 3학년까지는 학과 공부하는 것이 즐겁고 실습 나가서 사람들을 만나는 것도 좋았다고 한다.

"선생님, 전 학점도 늘 3.5 이상으로 유지했어요. 공부하는 게 재미있어요. 하지만 4학년이 되고 보니 사회복지사로 살아가는 게 맞는가 하는 고민이 들어요. 제가 가는 길이 맞는지 모르겠어요. 성공할 수 있을까 생각이 들어요. 그래서 저 요새 공무원 시험 준비하려고 하고 있어요. 그런데 이게 맞는 걸까요?"

그녀는 울먹이며 이야기했다. 그녀는 지금 진로 선택을 앞두고 불안해하고 있었다. 그리고 그녀는 다른 사람의 기준에 맞춰 자신의 미래를 바라보고 있었다. 그녀는 일단 영어 공부를 시작했다고 했다. 영어 성적을 갖고 있으면 취업에 도움이 되지 않겠냐는 생각이었다. 결국 그녀는 공무원 시험을 준비해야 될 것 같다고 이야기했다.

이야기를 좀 더 나눠보니 그녀는 사회복지사로 보람도 느끼고 열정도 갖고 있었다. 아이들을 위한 복지사가 되기 위해 매주 3시간씩 학교에서 봉사하고 있었다. 그런 그녀가 왜 좋아하는 사회복지사의 길을 버리고 공무원 시험을 선택하게 된 것일까? 지금 그녀의 고민은 그녀가 그 일을 좋아하는가에 맞춰져 있지 않았다. 다른 사람의 시선에 맞춰져 있었다.

나는 그녀에게 스스로 좋아하는 게 무엇인지 찾아보라고 조언했다. 도피처를 찾을 것이 아니라 나의 힘을 믿고 전면 승부하라고 이야기해줬다. 지금 급할 게 없으니 조바심을 내려놓고 자기 자신을 살펴보는 시간을 갖는 게 좋겠다고 이야기해줬다. 공무원의 삶이 안정적으로 보인다. 안정적인 일이 행복한 일인가? 그렇지 않다.

다수가 선택하는 그 길이 언제나 옳지 않다. 그리고 나를 기준으로 선택하지 않는다면 직업을 갖게 되어도 열정이 생기지 않고 행복하지 않다. 대학교 4학년에 고민이 많을 시기다. 하지만 우리는 알고 있다. 대학교 때 마음먹은 직업이 평생 가지 않으며 진짜 중요한 것은 내가 좋아하는 일을 찾고 그 안에서 성공해야 한다는 것임을.

사람들은 인생을 살아가며 직업을 선택하고 배우자를 선택하고 수많은 선택을 한다. 그럴 때마다 다른 사람이 가는 길, 다른 사람들이 성공했다고 인정해주는 길을 가려고 한다. 그러나 다수가 가는 길을 간다고 행복한 것은 아니다. 어떤 사람이 행복한 삶을 살아갈까? 자신만의 길을 찾고 그 길에서 성공한 사람들이 행복한 사람이라고 생각한다. 다른 사람의 기준에 맞춰 사는 사람은 늘 공허한 마음이 든다.

자존감은 삶의 열정을 끌어낸다

내가 좋아하는 것을 직업으로 삼을 용기는 바로 자존감에 있다. 자신의 분야에서 성공을 이룬 사람들의 이야기를 살펴보면 처음부터 그 일을 잘한 것이 아니다. 발레리나 강수진은 『나는 내일을 기다리지 않는다』에서 선화예술학교에서 처음 발레를 시작했을 때 스스로 발레를 잘 못한다고 생각했다. 그래서 아예 연습을 하지 않은 시절이 있었다고 이야기한다. 그런 그녀는 모나코 왕립발레학교의 교장, 마리카 베소브라소바 선생님을 만나며 인생이 달라졌다.

그녀가 발레리나로 성공할 수 있었던 것은 선생님으로부터 스스로 '할 수 있다'는 믿음을 갖게 되면서 부터다. 그녀는 스스로를 믿기 시작했다. 그리고 자신을 갈고 닦아갔다. 매일 새벽에 일어나 기숙사 사감 몰래 달빛에 의존하여 연습을 했다. 그리고 그녀는 인내심과 꾸준한 노력을 바탕으로 자기 자신만의 발레 스타일을 찾아 갔다.

그녀가 힘든 연습도 끝까지 하게 만든 힘은 그녀 스스로 발레리나로 성공할 수 있다는 마음가짐 덕분이었다. 베소브라소바 선생님은 그녀가 당연히 할 수 있다고 계속 이야기해줬다. 그녀도 스스로 할 수 있다고 믿게 됐다. 이제 강수진 스타일은 세계적으로도 인정받는 발레다.

자존감을 높여주면 삶에 대한 열정과 노력은 자연스럽게 따라온다. 스스로 할 수 있다는 믿음과 멋진 삶을 살아가게 될 것이라는 생각은 행동으로 이어진다. 자존감 높은 아이들은 스스로의 인생에 열정을 갖고 살아간다. 도전하고 성취하며 한 단계씩 성장한다.

자존감이 낮으면 다른 사람의 인생을 살게 된다

우리 부모님께서는 자주 다투셨다. 특히 아버지가 술을 마시고 들어오는 날이면 우리는 극도의 불안을 느꼈다. 아버지는 술을 마시고 주사를 부리셨다. 어머니와의 싸움으로 시작하셨지만 끝엔 늘 집안의 물건을 집어던지고 폭행과 폭언이 오고갔다.

모든 문제를 바라보는 것은 나의 시선에 의해서다.
누구도 나에게 강요하는 사람은 없다.

어머니와 동생들과 함께 아버지의 폭력을 피해 도망치듯 나왔다. 어머니는 우리도 함께 데리고 나가주셨다. 그리고 우리는 차에서 쪽잠을 잤다. 아버지를 피해 나왔지만 앞으로 어떻게 될지 몰랐다. 나는 불안했다.

하지만 난 다음 날 학교에 가면 어제의 일을 티 내지 않기 위해 가면을 쓰고 살았다. 나는 나를 감췄다. 내 마음이 어떤지 신경 쓰기보다는 겉으로 보이는 모습에 더 신경 썼다. 보이는 모습에 신경을 쓰고 살다 보면 작은 일에도 쉽게 지친다. 작은 행동에도 나를 위한 생각만 하는 것이 아니라 내 주변의 모든 사람들의 입장에서 생각하기 때문이다. 머릿속이 늘 복잡했다. 그리고 하는 행동에도 자신이 없었다. 늘 조심하고 눈치를 보며 행동했다.

나는 다른 사람의 시선에 맞춰 살아왔다. 늘 달라지고 성장하기를 원했지만 나를 끌어내리는 무엇인가가 있었다. 그것은 나의 낮은 자존감이었다. 그 당시에는 그저 나의 행동에 자신이 없었다. 그리고 이는 점점 나 자신을 공격하는 것으로 이어졌다. 나는 나를 다그치고 스스로 힘들게 했다. 자책하고 모든 문제를 내 탓으로 생각했다. 나는 나만 없어지면 되지 않을까 하는 비극적인 생각도 했다. 모든 문제가 나로부터 시작된 기분이었다.

모든 문제를 바라보는 것은 나의 시선에 의해서다. 누구도 나에게 강요하는 사람은 없다. 나의 사고의 틀에서 바라보고 생각한다. 그리고 판단하고 결정하는 것이다. 나는 나의 낮은 자존감으로 세상을 바라보았고 바라보는 대로 내 삶이 살아지게 되었다. 이를 알게 된 나는 스스로 자존 감을 높이기 위해 노력했다.

자존감을 높여주는 한 사람

단 한 명이라도 나를 있는 그대로 인정해주고 받아 주는 사람이 있다 면 그 사람의 인생은 전혀 달라진다. 남편은 나를 있는 그대로 인정하고 상처를 보듬어주었다. 나는 남편에게 의지해 내 상처를 치유해 나갔다. 그 과정은 힘이 들었다. 그러나 하나씩 해결을 해 나가며 내 자존감도 높 아지고 점점 편안해졌다. 내 인생이 달라 보이기 시작했다.

나의 모습을 찾는 과정을 어른이 돼서 겪으려니 그 성장통은 매우 격 렬했다. 그러나 이제 나는 나의 인생의 주인이 되어 선택하고 살아간다. 비교할 수 없을 정도로 행복하다. 생각도 가벼워지고 명확해졌다. 하고 싶은 일이 명확해지고 앞으로 나아가는 용기와 끈기도 생겼다. 자존감이 높아지니 나만의 인생을 살아가게 되었다. 아이의 자존감을 키우는 것은 일시적으로 완성되지 않는다. 부모는 계속해서 아이의 자존감을 높여줘 야 한다. 아이를 바라보는 시선, 긍정적인 반응과 확신 속에서 아이의 자 존감이 계속해서 성장할 수 있도록 해야 한다. 이 과정에서 아이는 스스 로 자기 인생의 주인이 되어 살아간다.

인생의 주인이 되게 하는 자존감

엄마는 너를 응원해.
너만의 멋진 인생을 살게 될 거야!

2장

행복한 아이로 키우고 싶다면
자존감을 높여라

01 엄마의 애정이 담긴 말은 아이의 자존감을 높인다

> 먼저 안아줘보세요.
> 나무든 사람이든 먼저 안아주면 그도 나를 따뜻하게 안아줄 것입니다.
> – 도종환

"사랑해. 사랑해. 사랑해."

아이에게 읽어주는 로제티 슈스탁의『사랑해 사랑해 사랑해』동화책에 나오는 구절이다. 오직 하나뿐인 소중하고 사랑스러운 아가에게 보내는 사랑의 말이다. 동화책 속에서는 말썽을 부릴 때나 심술을 부릴 때도, 울거나 웃어도 사랑한다고 한다. 머리끝에서 발끝까지 사랑한다고 말한다.

아이는 "사랑해." 한 마디에도 엄마의 사랑을 느낀다. 오늘 사랑한다는 말을 아이에게 몇 번 했는가? 나는 아이를 볼 때마다 사랑한다고 말한다. 특히 잠들기 전에 "사랑해."라고 말한다. "엄마 딸, 아들로 태어나줘서 고마워." "잘 자." "좋은 꿈 꿔." 라고 매일 이야기해준다. 그런 말을 하는 나의 마음속에 아이에 대한 애정이 솟아오른다.

하루는 그냥 자려고 하는데 큰 딸 아이가 나를 부르더니 이야기한다.

"엄마, 태어나서 고마워 말해주세요."

"그래, 우리 아가, 사랑해. 엄마 딸로, 아들로 태어나줘서 고마워."

내가 말을 끝내니 아이가 나에게 폭 안긴다. 이때 나는 세상 누구보다 행복하다. 최근 말을 배우기 시작한 둘째 아들도 옹알이로 "사랑해." "잘 자요."를 따라 한다. 엄마만 알아들을 수 있는 말이지만 그 말을 하는 아이의 표정이 따뜻하다.

감사의 말로 자존감을 높일 수 있다

나는 육아 휴직을 하고 연년생 두 아이를 키우며 힘들었다. 아이들을 키우는 중에 '나'는 없었다. 일상이 지루하게 반복되었고 우울한 마음이 아이들에게 전해졌다. 그리고 나는 아무 의욕이 없었다. 아이들을 그저 바라만 보고 있는 날도 있었다. 하루는 아이들을 가만히 바라보다 창문 열고 뛰어내리면 안 아플까 하는 생각이 들었다. 다른 사람들이 하는 말을 통해 듣기만 했던 자살 생각을 내가 하고 있다니 두려웠다.

나는 내가 산후우울증이라는 것을 알게 되었다. 산후우울증이라는 것을 인정하고 나니 오히려 해결하는 방법은 쉬웠다. 나는 이겨내기 위해 노력했다. 극복하기 위해 책을 읽기 시작했다. 책 속에서 지혜를 찾고 위로를 받았다.

그러던 중 양경윤 선생님의 『한 줄의 기적, 감사일기』라는 책을 읽고 매일 다섯 가지씩 감사할 일들을 찾아보았다. 처음엔 아무리 찾아도 내 주변에 감사할 일이 안 보였다. '나에게 감사할 일이 있는가?' 감사할 일은 특별한 일이라고 생각했다.

나는 내가 가진 아주 사소한 일들도 감사하기로 마음먹었다. 나는 일어나자마자 감사한 것들을 적기 시작했다. 공책에 1, 2, 3, 4, 5 번호를 먼저 붙여놓고 매일 다섯 개씩 감사한 일을 찾았다. 다음은 내가 적은 감사일기 중 한 부분이다.

"아이들이 건강한 것에 감사합니다. 아무 탈 없이 건강하게 웃으며 자라주는 아이들이 감사합니다. 퇴근하고 어린이집에 아이들을 데리러 가면 활짝 웃으며 나를 반겨 줍니다. 그렇게 웃어주는 사람은 아이들뿐입니다. 이 웃음만큼 감사한 것이 있을까요. 아이들의 존재만으로도 감사합니다. 감사합니다. 감사합니다."

감사일기를 쓰며 나는 세상을 보는 새로운 시각을 얻게 되었다. 감사하는 마음에는 기적과 같은 힘이 있었다. 피곤하고 불편하고 힘든 삶을 살던 모습은 찾아볼 수 없다. 나 스스로 밝고 긍정적으로 변했다. 우울함에서도 벗어났다. 더욱이 아이들에게도 감사한 마음을 갖게 되었다. 내가 하는 말에도 감사와 사랑이 묻어나기 시작했다.

내가 감사의 말을 하니 아이들이 하는 말도 달라졌다.
"내 동생. 사랑해."
"엄마, 나는 엄마랑 아빠랑 동생이랑 나를 사랑해요."
아이는 엄마의 말을 통해서 스스로를 사랑하게 된다. 사랑받으며 또 사랑을 표현하는 행복한 아이로 자라는 것이다. 내가 했던 방법처럼 매일 감사일기를 쓰며 엄마가 먼저 행복해져야 한다.

아이가 부모로부터 사랑받는다고 느끼는 것이 중요하다

아이의 자존감을 세워주는 첫 시작은 아이가 사랑받는다고 느끼는 것이다. 나는 아이와 남편에게 사랑한다고 말하면서 사랑한다는 말의 힘을 알게 되었다. 사랑한다고 말하면 일단 마음이 열린다. 그리고 사랑은 표현할수록 더 채워진다.

사랑은 마음에 담아두는 것이 아니다. 매일 표현하고 아이가 느끼게 해줘야 한다. 표현하지 않고 내가 사랑하는 마음을 알아주겠지 하고 짐작하면 안 된다. 애정이 듬뿍 담긴 말은 긍정의 힘을 갖고 있다. 아이에게 사랑한다고 말하면 아이가 사랑스럽게 보인다. 실제로 아이가 사랑스

아이의 자존감을 세워주는
첫 시작은 아이가 사랑받는다고 느끼는 것이다.

러운 행동을 시작한다. 긍정의 말이 긍정적인 상황을 만드는 것이다.

사랑한다는 말을 가족에게 하는 것은 결국 나에게 하는 말이다. 내 말을 가장 먼저 듣는 사람은 나이기 때문이다. 하지만 나도 처음부터 '사랑한다.'는 애정의 말을 잘한 것은 아니다. 처음에 사랑한다고 말할 때는 머리로는 이미 하고 있는데 입이 쉽게 떨어지지 않았다. 어색하고 쑥스러웠다. 하지만 한두 번 정도 용기 내어 사랑한다고 말했다. 그랬더니 얼마 지나지 않아 사랑한다는 말이 자연스러워졌다.

하루에 세 번씩 사랑한다는 말을 아이에게 해보길 권한다. 한 번도 해본 적이 없어도 괜찮다. 사랑한다는 말을 들었을 때 어떤 마음이 들었는가? 나는 설레고 행복했다. 그리고 세상을 다 가진 것처럼 충만했다. 이 느낌이 아이에게 전달될 수 있으면 된다.

처음엔 "사랑해." 말이 입에서 떨어지지 않을 것이다. 아이도 처음엔 어리둥절할 것이다. 그리고 아이는 들었는지 못 들었는지 반응이 없을 수도 있다. 그래도 포기하지 말아야 한다.

아이는 표현하지 않지만 엄마의 말을 들으며 마음속에 사랑이 쌓이고 있다. 아이 마음 속에 사랑이 충분히 채워지면 아이는 표현할 것이다. 엄마는 확신을 갖고 계속해서 "사랑한다."고 말해야 한다. 언젠가 아이들도 "저도 사랑해요."라고 이야기할 것이다.

중요한 건 지금부터 엄마가 일관되게 사랑을 표현하는 것이다. 아이는 어른들보다 더 쉽게 바뀐다. 내 아이가 바뀌지 않아 속상해 하지 말고 아이에게 사랑을 더 표현하면 된다. 엄마의 말이 바뀌면 아이의 말이 바뀌고 자존감이 높아질 것이다.

행복한 아이로 키우고 싶다면 자존감을 높여야 한다. 자존감은 엄마의 사랑이 담긴 말에서 시작된다. 감사의 마음, 사랑의 마음을 적극 표현하라.

"오늘도, 내일도, 언제까지나 너를 사랑해."

엄마의 말에 아이의 자존감은 높아질 것이다. 물론 엄마의 자존감까지 높아지는 효과가 있다. 사랑의 힘은 위대하다.

사랑 속에 자라는 자존감

우리 아가, 사랑해.
엄마는 어떤 상황에서도 널 사랑해.

02 엄마의 비난과 지적은 아이의 자존감에 흠집을 낸다

함부로 내뱉은 말은 상대방의 가슴속에 수십 년 동안 화살처럼 꽂혀 있다.
－헨리 롱펠로

아이가 잘못된 행동을 하면 아이의 엄마부터 찾는다. 사회의 시선이 아이가 잘못된 행동을 하면 엄마가 잘못 가르쳐서라고 생각하기 때문이다. 엄마는 아이의 행동이나 태도에 예민해진다.

"엄마가 누구니?" "엄마가 제대로 가르친 거야?", "가정교육을 어떻게 했기에 아이가 이래?" 이런 말을 들으면 아이를 키우는 엄마의 마음은 아프다.

내 마음대로 안 되는 일이 자식 키우기다. 그럼에도 불구하고 엄마들은 내 아이만큼은 예의바르게 행동하길 바라는 마음을 갖고 있다. 또 아이를 잘 키우고 있는 엄마라고 보이길 바라는 마음에 아이들을 가르치려 한다. 아이가 잘못된 행동을 하면 바로 바른 행동으로 고쳐줘야 할 것만 같다. 또 엄마가 가르친 대로 아이가 자라야 한다고 생각한다.

엄마의 지적으로 위축되는 아이

어느 날 엘리베이터를 탔다. 그 안에 우리 가족뿐만 아니라 다른 가족이 타고 있었다. 그 가족은 부모와 초등학생으로 보이는 남자 아이였다. 좁은 공간에 있다 보니 자연스럽게 그들의 대화를 듣게 되었다.

"엄마가 하지 말라고 말했지."

"얌전히 있어. 엄마 화낸다."

"쫌~~!"

그 말을 듣는 아이의 표정이 일그러졌다. 엄마는 그 이후에도 아이의 잘못된 행동만 계속 이야기했다. 아이는 어깨가 축 처져서 걸어갔다. 엄마가 쉽게 하는 잔소리 한 마디에도 아이의 자존감은 낮아진다. 더욱이 아이가 자라면서 아이의 행동에 칭찬보다는 행동을 고치려는 엄마의 지적이 일상적인 대화가 된다. 아이 행동에 엄마의 입장에서 생각한 일방적인 조언을 한다.

"나쁜 짓 하지 말고 착하게 놀아."

"그 옷이 어울리니? 다른 옷 입어."

"스마트 폰 좀 그만해."

아이가하는 것이 다 나쁜 일인가? 아이는 지금 세상을 탐험하는 중이다. 착하게 노는 것은 무엇인가? 얌전하게 노는 것이 착한 것인가? 엄마가 생각하는 것이 다 옳은 것은 아니다.

아이가 성장하는데 적절한 조언은 반드시 필요하다. 먼저 인생을 살아온 선배로서 엄마가 아이를 잘 이끌어주어야 한다. 그러나 엄마의 선한 의도가 비난과 지적의 말로 전해진다면 아이는 위축될 것이다. 아이의 성장에 독이 될 수 있다. 엄마의 지적은 자신의 행동이 부정적으로 평가되고 있가는 생각을 하게 만든다. 이는 아이의 자존감을 낮추는 결과를 가져온다.

아이는 엄마의 말에 상처 받는다

어머니는 나에게 "넌 누굴 닮았니? 해주면 해줄수록 양양이라고 끝을 모르고 더해달라고 이야기하냐."라며 말씀하셨다. 나는 그 말에 상처를 받았다. 내 행동이 잘못되었다고 말해주시면 고칠 수 있을 텐데. 이 말은 나의 존재를 부정하는 말 같았다.

사실 부모는 아이가 누구를 닮아서 이런 행동을 하는지 고민한다. 그러나 아이는 누구를 닮는 것이 아니다. 외모가 닮았다고 모든 것이 닮은 것은 아니다. 아이의 영혼은 아이 스스로 만들어간다. 아이가 자라는 과정에서 엄마의 행동을 그대로 따라하며 배운다. 그렇지만 아이는 자신의 고유한 생각을 하는 존재로 자란다.

아이의 가슴에 비수를 꽂는 말을 아이는 얼마나 들으며 자랄까? 습관적으로 이런 말을 하는지 엄마의 말을 살펴보아야 한다. 엄마가 아이에게 아주 사소한 것이라도 지적을 하거나 비난을 하게 되면 아이는 주눅든다.

엄마 마음의 여유를 가지기

엄마도 사람인지라 어떤 때에는 감정이 먼저 앞서는 경우가 있다. 아이에게 버럭 소리친 날에는 하루 종일 미안한 마음이 이어진다. 울다 지쳐 잠든 아이를 바라보며 미안하다고 계속 말한 적이 없는 엄마가 있을까.

엄마로 매 순간 완벽하게 살아갈 수 없다. 화가 나는 것이 당연하다. 그러나 내 아이를 위해 엄마는 감정을 조절할 필요가 있다. 나는 우선 화가 나는 상황이 되면 가슴에 손을 얹는다. 그리고 속으로 하나, 둘, 셋, 넷, 다섯. 수를 천천히 세며 숨을 내쉰다. 잠깐의 시간이지만 격해진 감정을 추스를 수 있는 충분한 시간이다.

아이를 바르게 키우고 싶은 마음이 있다면 아이에게 엄마의 화를 그대로 표현하는 것은 피해야 한다. 처음부터 잘하지 않아도 괜찮다. 하지만 내 아이를 위해 엄마가 화를 조절해야 한다. 잠깐 멈추는 방법으로 화가 난 상황을 인정하면 화라는 감정으로부터 자유로워질 수 있다.

그런 후에 지금 상황을 객관적으로 바라봐야 한다. 이 상황이 아이의 행동을 이해해줘야 하는지, 아니면 엄마의 감정을 느끼게 해줘야 하는지 판단을 해야 한다. 엄마가 객관적으로 바라보고 차분해지면 아이의 행동을 이해할 수 있고 인정할 수 있는 여유가 생긴다.

아이는 나에게 찾아온 귀한 손님이다

하루는 내가 가르치는 학생들과 이야기를 하다가 내 행동을 반성한 적이 있다.

"선생님, 저희 엄마는 저를 실컷 혼내다 전화가 오면 언제 그랬냐는 듯 갑자기 예쁜 목소리로 전화를 받으세요."

나는 뜨끔했다. 가르친다는 명목 아래 너무 학생들에게 함부로 말한 적은 없었는지 되돌아 봤다. 편하다고 생각하면 내 행동도 막 하게 된다. 다 받아준다고 생각하기 때문이다. 그러나 사랑할수록 더 예의를 지켜야 한다.

아이를 귀한 손님으로 생각하자. 귀한 손님에게 함부로 하지 않는다. 처음 만난 귀한 분을 대하듯 아이를 대해야 한다. 아이를 편하게 생각해서, 혹은 만만하게 생각하기 때문에 아이에게 상처를 주는 것이다. 그리고 엄마가 아이를 대접하는 만큼 밖에서 아이가 대접받는다.

가족은 서로 다른 경험을 하는 사람이 같이 모여 사는 것이다. 가족 구성원의 각자 다른 경험은 서로 가치관이 달라지게 한다. 엄마는 엄마의 경험에서 나오는 말을 해주는 것이다. 그런데 아이는 그걸 받아들이지 못한다. 아이가 자의식이 생겨 아이만의 생각으로 살아가고 싶어 하기 때문이다.

갑자기 아이가 내 마음에 딱 맞게 아바타처럼 행동하는 일은 일어나지 않는다. 엄마는 아이의 행동에 계속해서 지적할 일이 생길 것이다. 우리는 갈등이 생겼을 때 어떻게 대처하는지 그 태도를 내면화해야 한다. 가족이기 때문에 잘 알고 있다고 생각하지만 내 아이를 내 아이의 친구가 더 잘 아는 경우도 많다. 가족들은 의식적으로 서로를 모른다고 생각하고 서로를 더 잘 알아가야 한다.

서로를 잘 알아가는 과정에 비난이나 지적은 그 관계를 막는다. 내 아이가 나의 생각과 다르게 행동하는 것을 이해해야 한다. 아이를 이해하고 난 후 엄마의 상황을 이해시켜야 한다. 서로를 인정하고 난 후 아이를 위해 하는 말이 아이의 마음에 와닿게 될 것이다. 그리고 자연스럽게 행동으로 이어질 것이다.

엄마의 일방적인 지적과 비난은 아이에게 독이 된다. 아이는 주눅 들고 자존감은 낮아진다. 엄마의 좋은 의도가 아이를 해치는 경우가 이뤄지지 않아야 한다. 아주 소중하고 귀한 아이에게 한 마디라도 선물처럼 느껴지게 말해야 한다.

"왜 그렇게 행동한 거니? 엄마에게 설명해줄래?"

"지금 필요한 것은 무엇이니?"

아이가 화나게 한다면 바로 화내지 말고 잠시 생각해야 한다. "나는 아이의 행동을 이해할 수 있다."라고 생각하며 숨을 크게 들이쉬고 내쉰다. 아이는 지금 배우고 있는 중이다. 감정적으로 버럭 하는 것은 피하고 아이가 올바르게 행동할 수 있도록 친절하고 단호하게 이야기해야 한다.

감정조절로 자라는 자존감

엄마는 네 생각을 듣고 싶어.
○○아, 이렇게 한 이유를 말해볼래?

03 엄마의 서툰 한 마디가 아이를 아프게 한다

우리의 말보다 우리의 사람됨이 아이에게 훨씬 더 많은 가르침을 준다.
따라서 우리는 우리 아이들에게 바라는 바로 그 모습이어야 한다.
-조셉 칠튼 피어스

말 한 마디의 중요성

"그러니까 네가 문제야."

엄마는 아이와 대화를 할 때 생각하지 않고 상처 주는 말을 툭 내뱉는
다. 정말 아이가 문제일까? 나는 내가 만나는 모든 부모에게 강조한다.
아이는 문제가 아니다. 문제가 될 수 없다. 문제가 되는 것은 아이의 행
동일 뿐이다. 그리고 그 행동도 여러 가지 이유가 있지만 부모의 잘못된
행동에서 시작하는 경우가 많다. 부모도 이미 알고 있다. 그런데 말이 먼
저 나온 것이다. 한 번 나온 말은 다시 되돌릴 수도 없다.

나는 부모님께서 다투는 것이 싫었다. 부모님이 다투실 때마다 나 때문인 것 같아 불안했다. 하루는 어머니께서 아버지와 다툰 일에 대해 말씀하시는 중이었다. 그때 나는 어머니께 "그럴 거면 다 놓고 나가."라고 이야기했다.

그 말이 끝난 순간 어머니는 내 뺨을 때리셨다. 그리고 서로 놀라 가만히 쳐다보았다. 그리고는 어머니와 나는 둘 다 펑펑 울었다. 지금에야 내가 얼마나 상처 드리는 말을 했는지 알 수 있었다. 그러나 그 당시 나는 어머니에게 그 말이 얼마나 큰 상처를 준 것인지 몰랐다. 얼마나 큰 상처를 줄 수 있는지 알지 못했기 때문에 할 수 있는 말이었다.

왜냐하면 어머니는 아버지의 음주 후 폭력과 폭언을 견디고 계셨기 때문이다. 우리를 바르게 키우기 위해서 참고 계신 것이었다. 그런 어머니에게 다 놓고 가라고 이야기했다. 우리 때문에 버티고 계신 어머니의 마음에 비수를 꽂은 것이다. 나는 뺨을 맞을 만했다.

그 이후로 나는 말을 조심해서 했다. 한 마디 말이 다른 사람에게 얼마나 큰 상처를 줄 수 있는지 알았기 때문이다. 그렇게 잘 참아오신 어머니가 내 뺨을 때릴 정도라니. 충격적이었지만 그 경험으로 나는 말의 소중함을 알게 되었다.

아이에게 하는 말은 중요하다. "너는 도대체 왜 그 모양이니?"라는 말을 듣는 아이의 자존감이 높아질 수 있을까? 말 한 마디에 자존감을 높이기 위해 그 동안 엄마가 노력한 모든 행동이 수포로 돌아간다. 엄마의 서툰 한 마디가 아이의 자존감을 바닥으로 떨어뜨린다. 그만큼 엄마의 말은 중요하다. 엄마의 말 한 마디에 아이의 자존감이 줄타기를 한다. 한 번 내려간 자존감은 회복하는 데 오랜 시간이 걸린다.

아이의 자존감은 아직 연약하다. 그렇기 때문에 엄마는 아이에게 말할 때 자존감을 높이는 방향의 단어를 선택해야 한다. 아이의 자존감을 높이기 위해 아이에게 격려, 위로, 응원, 존중하는 마음이 담긴 말을 할 필요가 있다.

"누구나 실수를 통해서 배우는 거란다. 걸음마를 할 때 넘어져도 또 다시 일어났지. 너는 다시 도전했단다. 실수를 하고 그 실수로부터 배워 가면 된단다."

아이에게 존댓말을 사용한다

지금은 종영된 MBC 〈무릎팍도사〉라는 프로그램에 정치인 안철수가 나왔었다. 그는 그 방송에서 그의 어머니께서 계속해서 자신에게 존댓말을 하셨다고 했다. 그의 어머니는 집을 나서는 아들에게 "안녕히 다녀오세요. 좋은 하루 보내세요."라고 인사를 했다고 한다. 그리고 그 말을 들

편안한 사이일수록 더욱 더 예의바르게 행동해야 한다.

으며 자신이 정말 존중받고 있는 사람이라고 느낄 수 있었다고 했다.

나는 가족끼리 서로 존댓말을 쓰라고 조언한다. 우리 부부는 서로에게 존댓말을 쓰며 다툼을 많이 줄여갔다. 서로에게 함부로 말하지 않게 되기 때문이다. 반말을 하면 서로 허물이 없어지기 때문에 예의를 지키지 않는 경우도 생긴다. 편안한 사이일수록 더 예의바르게 행동해야 한다.

아이와도 서로 존댓말을 사용하면 좋다. 존댓말을 사용하는 것은 서로 어색해지고 멀어지는 것이 아니다. 서로 존중하며 더 예의바른 관계를 맺는 것이다. 서로를 존중하는 마음으로 이야기하면 상처 주는 말을 덜하게 된다.

말보다 행동으로 가르쳐라

나는 아이와 대화하다가 깜짝 놀란 적이 있다. 아이가 갑자기 한숨을 푹 내쉰 것이다. 이제 막 말을 배운 아이의 입에서 한숨이 흘러나오다니. 누구에게 배웠을까 살펴보니 나였다. 연년생 두 아이를 혼자 키우며 신체적으로 정신적으로 힘들었던 나는 계속해서 한숨을 쉬었던 것이다.

늘 내가 다른 사람에게 받고자 하는 대로 행동해야 한다. 엄마가 이야기를 할 때 엄마는 아이의 태도를 보면 아이가 지금 말을 듣고 있는지 그 마음이 어떤지 알 수 있다. 아이가 엄마의 말을 듣고 있다면 눈을 바라보고 고개를 끄덕일 것이다. 그러나 그렇지 않으면 바라보지 않고 계속 딴

청을 부릴 것이다. 아이들은 거울처럼 엄마의 행동을 따라한다. 내 아이가 와서 이야기할 때 눈은 어디를 보고 있는가? 핸드폰을 향하고 있지는 않는가?

때로는 백 마디의 말보다 하나의 행동이 더 크게 다가온다. 우리 어머니는 지금까지도 행동으로 보여주신다. 어머니의 열정과 도전을 보며 내 삶을 되돌아본다. 고등학교 졸업 후 대학에 다니지 못하셨던 어머니는 쉰다섯의 나이에 대학에 들어가셨다. 어머니께 배우는 점이 참 많다.

나는 도전, 강인함, 열정, 포기하지 않는 마음을 어머니의 말보다는 행동을 통해 배웠다. 서툰 말 한 마디보다는 엄마의 삶으로 아이들을 가르치길 바란다. 아이는 엄마의 태도와 행동에서 많은 것을 배울 수 있다.

자존감은 한 번에 줄 수 없지만 순식간에 빼앗을 수 있다.

"엄마가 말했잖아. 네 멋대로 하니까 그렇지." 아이에게 쉽게 던지는 한 마디에 아이는 상처를 받는다. 무심코 던진 돌에 죽는 개구리가 있다는 생각을 해야 한다. 말하기 전에 이 말이 과연 아이에게 어떤 의미가 있을지 생각해봐야 한다. 엄마의 섣부른 한 마디에 아이의 자존감이 곤두박질칠 수 있다. 부모와의 대화에서 아이는 '편하고 유익하고 긍정적이다.' 라고 느끼는 것이 중요하다.

한 마디 말로 격려받는 자존감

난 네가 남과 달라서 더 좋은걸.
잘 안 될 수도 있어. 누구나 그렇단다.

04 엄마의 기대목표는 낮은 곳부터 출발하라

행복해지기는 간단하다. 다만 간단해지기가 어려울 뿐.
—에카르트 폰 히르슈하우젠

아이에게 기대 대신 믿음을 갖는다

자신의 실수가 모두 용납되는 경험을 해본 아이는 실수에도 당당하다. 엄마의 기대목표가 높아 아이의 실수를 다그치면 아이는 실수에 민감해 진다. 또 완벽할 때에만 칭찬을 받는다고 여겨 도전을 포기하는 경우도 생긴다. 그리고 과하게 경직된다.

실수에 민감해진 아이는 엄마의 목표 기준에 맞춰 행동을 하게 된다. 엄마의 기대목표에 맞게 행동하는 아이가 과연 행복할까? 자유를 잃은 아이는 불행하다. 무슨 일을 해도 엄마의 강요에 의해 억지로 하게 된다.

나는 초등학교 1학년 때 매일 보는 받아쓰기 시험에서 계속해서 빵점을 맞았다. 그래도 어머니는 괜찮다고 이야기해주셨다. 그리고 매일 아침마다 어머니와 함께 받아쓰기 공부를 하고 학교에 갔다.

받아쓰기를 하는 것이 힘들었지만 꾹 참고 해나갔다. 엄마의 믿음 덕분이었다. 몇 달 뒤 드디어 나는 받아쓰기에서 80점을 맞았다. 나는 너무나 뿌듯했다. 그리고 어머니께 자랑하고 싶었다. 나는 학교에서부터 집까지 그 받아쓰기 시험지를 손에 들고 흔들며 뛰어왔다. 나는 80점이 행복했다. 빵점을 맞던 내가 80점을 맞았다니 뿌듯했다. 나는 내가 할 수 있다고 믿었다. 다른 아이들이 100점 맞은 건 눈에 들어오지 않았다.

어머니는 늘 나에게 이렇게 말씀하셨다.

"영신아, 너는 100점을 맞아도 80점을 맞아도 0점을 맞아도 내 딸이야. 너를 사랑하는 마음은 변하지 않는단다. 그러니 기죽지 마."

어머니는 나에게 성적으로 강요하신 적이 없으시다. 나는 마음 편히 공부했다. 그리고 나는 내가 정한 목표에 도달하기 위해 노력을 했다. 작은 것에도 성취감을 느낄 수 있었고 그 성취감들이 반복되며 나는 자신감을 갖게 되었다.

반면 내 친구 H는 시험에서 단 한 개를 틀렸다고 울었다. 내가 보기엔 잘한 것 같은데 H는 0점을 맞은 것처럼 울었다. 그녀는 몹시 불안해했다. 그녀는 엄마가 100점을 맞아야만 한다고 했다고, 안 그러면 혼난다고 하며 너무 걱정된다고 했다. 나는 H의 모습이 안쓰러웠다. 그리고 풀이 죽어 집에 가던 그 모습이 잊히지 않는다.

아이에게 기대하지 않는 부모는 없다. 하지만 그 기대를 아이에게 표현하면 아이는 부담을 느낀다. 엄마가 아이를 통해 자신이 살고 싶은 삶을 살아보겠다고 생각하면 안 된다. 그런 생각이 아이를 '나'로 자라지 못하게 한다.

"엄마는 너한테 기대를 많이 하는데 너는 왜 그러는 거야?", "엄마 계속 실망하고 있어." 엄마는 엄마 혼자 아이에게 기대를 하고 실망을 한다. 그리고 그 실망감을 아이에게 감정적으로 표현한다.

"지금 그대로 감사해."

큰아이 6개월에 나는 둘째를 임신했다. 임신을 하고 큰아이를 혼자 키우면서 힘들었다. 6개월짜리 아이 하나를 키우는 것도 힘들다. 그런데 나는 아이가 6개월에 둘째를 임신했다. 큰아이를 키우랴 임신한 아이로 입덧하랴 힘들었다.

아이를 키우며 아이만을 위해 살았다. 나를 돌보지 않았던 나는 체력적으로 힘든 것만이 문제가 아니었다. 나는 육아를 하며 산후우울증을 심하게 앓았다. 내 마음에 멍이 들자 남편이 나에게 해주는 도움도 있는 그대로 보이지 않았다. 안타깝게도 그 당시 나는 남편에게 화를 내는 것으로 나의 마음의 아픔을 표현했던 것 같다.

나의 우울증에 남편도 많이 힘들어했다. 하지만 남편은 나를 위로하며 육아를 더 많이 도와주었다. 집에 오자마자 아이와 놀아주고 목욕도 시켜주었다. 그럼에도 불구하고 나는 좀 더 나를 도와줬으면 좋겠다고 생각했다. 하루 종일 집에서 아이를 돌보며 남편이 퇴근하기만을 기다렸다. 그러나 막상 남편이 오면 곱지 않은 시선으로 남편을 보았고 내가 육아하며 하루 종일 힘들었던 시간을 어떻게든 보상받고 싶어 했다.

시간이 지날수록 남편에게 더 많은 것을 기대했고 강요했다. 남편은 결국 나에게 본인에게 기대하지 말라고 말했다. 게다가 남편은 "나도 당신에게 기대하지 않아."라고 말했다. 처음에 나는 나에게 기대하지 않는다는 말에 많이 상처를 받았다. 나를 사랑하지 않는다는 뜻인 것 같아 속상했다. 하지만 그건 내가 사랑과 기대하는 마음을 정확하게 구분하지 못해서 착각한 것이었다.

사랑과 기대는 명백하게 다르다. 사랑은 상대를 있는 그대로 받아들이고 감사하고 믿는 마음이다. 남편을 온전히 받아들이지 않고 그에게 기대하는 어떤 다른 모습을 갖고 있으면서 나는 늘 실망했다.

사랑은 지금 그가 나에게 해주는 것을 온전히 받아들이고 감사하는 마음에서 출발해야 한다. 나는 이를 알고 나서 사랑에 대해, 그리고 남편과의 관계를 다시 알아볼 수 있었다. 그리고 나 스스로 남편에게 기대하지 않기로 다짐했다. 하루아침에 바뀐 것은 아니지만 나는 서서히 남편이 해줄 수 없는 것에 더 많은 기대를 갖지 않고 지금 하고 있는 것들에 감사함을 느꼈다. 앞에서 이야기한 감사일기의 효과이기도 했다.

남편에게 기대하는 마음을 갖지 않으며 나는 남편과 관계가 더욱 좋아졌다. 집안일도 당연히 남편이 해야 하는 일이라고 혹은 당연히 해줘야 하는 일이라고 생각했을 때는 그 일을 하지 않으면 화가 났고 남편이 힘들어도 하면 당연하다고 생각했었다. 그러나 지금은 남편의 작은 행동에도 감사하는 마음을 갖게 되었다.

아이들에게도 똑같다. 엄마는 "너에게 기대가 크다."라거나 "기대하지 않는다."는 부담을 주고 상처를 주는 말보다 "지금 이대로 너에게 감사해."라고 말해야 한다. 그 말을 들을 때 아이는 엄마의 깊은 사랑을 느낄 것이다.

엄마가 아이에 대해 혼자 기대하고 실망하는 과정을 아이는 모른다. 엄마가 스스로 실망하고 아이와 대화를 하게 되면 잔소리로 이어지는 경우가 많다. 엄마를 대화를 하면서 아이는 행동 변화를 생각하기보다 그저 '엄마가 나에게 또 잔소리를 하는구나.'라고 생각한다. 아이에게 엄마

아이에 대한 기대를 낮추면 아이는 스스로 자신의 인생을 찾아본다.

의 기대를 충족하기 위한 잔소리는 하나도 도움이 안 된다. 오히려 아이를 엄마에게서 멀어지게 한다.

아이에 대한 기대를 낮추면 아이는 스스로 자신의 인생을 찾아본다. 아이가 자신의 목표를 찾고 노력하면 결국 엄마가 바라는 그 모습으로 살아갈 것이다. 그리고 그 과정에서도 행복을 느낄 것이다. 엄마는 아이를 믿어주고 곁에서 응원하면 된다.

그 처음 시작은 엄마가 아이에 대한 기대를 엄마 스스로에게로 돌리는 것에 있다. 엄마가 먼저 스스로 기대하는 목표에 도달하는 과정을 즐기고 열정적으로 행동한다면 아이도 저절로 엄마를 따르게 된다. 그리고 아이에게 기대목표를 낮추고 지금 아이의 있는 그대로를 사랑해주자. 아이와의 관계가 좋아지고 행복한 육아를 할 수 있을 것이다.

목표를 달성하는 자존감

네가 어떤 모습이든, 엄마가 널 사랑하는 마음은
변하지 않아. 그러니 기죽지 마.

05 공감 받고 자란 아이가 공감을 잘한다

사랑의 첫 번째 임무는 상대방의 말을 잘 들어주는 것이다.
—폴 틸리히

얼마 전 나에게 상담을 온 부모가 있다. 초등학교 6학년 딸의 교우관계가 걱정이라며 찾아왔다. 아이는 초등학교 4학년, 5학년 때 친한 친구를 만들지 못해 늘 학교생활을 어려워했다고 한다. 그런 모습을 보고 있자니 아이뿐만 아니라 엄마도 속상했다고 한다.

"선생님, 저는 우리 아이가 다른 것보다 친구 관계에서 힘들지 않았으면 좋겠어요."

"어머니, 아이가 친구에 대해 이야기할 때 어떻게 말씀하시나요?"

"저는 아이가 이기적이기 않게 자랐으면 좋겠어요. 이기적이지 않아야 친구가 생기겠지요. 그래서 전 아이가 친구와 있었던 일을 이야기하면 그 상황을 객관적으로 파악해줘요. 그리고 그 때 제 딸아이가 했으면 하는 행동, 말 등을 정확하게 지적해서 말해줘요."

아이의 친구관계가 걱정인 부모들이 많다. 그러나 부모가 아이의 힘든 마음을 받아주기 전에 먼저 그 문제를 해결해주려는 것은 아이를 더욱 힘들게 한다. 부모가 아이가 했어야 하는 행동을 이야기해주면 아이는 스스로 '내가 못 해서 문제구나.'라고 생각한다. 나는 나를 찾아온 부모님에게 지금처럼 아이에게 잘못을 이야기해주는 방법으로 대화를 계속한다면 아이는 부모에게서도 멀어지고 친구관계에 있어서도 친구에게 더 의존적이고 당당하지 못한 아이가 될 수 있다고 이야기했다.

부모는 내 아이를 어른이 된 후 지금의 시선으로 바라본다. 내가 겪어 온 그 과정을 아이가 겪어내고 있는 것을 보면 섣불리 도와주려고 한다. 아이의 상황에서 아이의 행동을 비판하거나 아이가 문제 행동을 고치기를 설득하려 한다. 그러나 아이의 상황에서 바라봐야 한다. 그리고 아이는 이미 스스로 무엇이 문제인지 해결 방법이 무엇인지 알고 있다. 다만 부모로부터 이해받고 위로받고 싶어 이야기하는 것이다.

아이의 상황에 100% 공감해주기

최근 공감의 대화를 강조한다. 공감이란 무엇일까. 공감은 다른 사람의 입장에서 그 사람의 감정을 이해하는 것이다. 사자성어 중에 역지사지라는 말이 있다. 다른 사람의 입장에서 생각해본다는 뜻이다. 진정한 공감은 아이의 입장에서 이해하고 그 마음을 그대로 읽어주는 것이다. 공감을 받은 아이는 엄마와의 대화 상황을 다른 사람과의 대화 상황에 그대로 적용한다.

J는 음악시간에 리코더 시험을 보다 울면서 교실로 왔다. 나는 J에게 우선 무슨 일이 있었는지 물었다. J는 음악 시험을 볼 때, 갑작스럽게 자신의 차례가 되어 다른 아이들이 자신을 보는 상황이 불편했다고 한다. 그리고 얼굴이 붉어졌다고 한다. 그때 다른 아이가 "J는 못하나봐."라고 이야기했다.

아이들은 아주 사소한 일에도 상처를 받고 화를 낸다. J는 친구의 말한 마디에 화가 났다. 얼굴이 붉어졌고 코피까지 흐르게 되었다. 갑자기 화가 나면 코피가 나기도 한다는 사실을 J를 통해 알게 되었다.

J는 완벽주의 성향이 있는 아이다. 자신이 해야 할 일을 시간이 걸리더라도 완벽하게 해내고 싶어 한다. 철저하게 준비하고 상황을 맞이하고 싶은 것이었다.

나는 아이의 말을 끝까지 들어주었다. 아이의 억울함과 속상한 마음을 공감해주었다. 나는 이야기를 들으며 "그랬구나."라고 반응해주었다. 그랬더니 아이는 속마음을 이야기하기 시작했다. 아이는 그 리코더를 부는 상황이 문제가 아니었다. 자신이 완벽해야 한다는 강박 때문에 그 상황이 어려웠던 것이다. 그리고 그걸 극복할 수 있는 방법을 몰라서 힘들다고 했다.

그리고 울음이 터지는 것에 대해 굉장히 예민해져 있었다. '울면 안 된다. 울면 다 지는 것이다. 창피한 것이다.'라고 생각하고 있었다. 나는 "울어도 괜찮아. 우는 건 용감한 것이야."라고 이야기해주었다. 계속 울며 이야기하는 아이의 말을 끝까지 들어주니 아이가 스스로 울어도 괜찮은 것 같다고 이야기했다.

나는 이야기 끝에 아이에게 다시 그 상황이 된다면 어떻게 했을지를 물어보았다. 그녀는 다시 그 상황으로 돌아간다면 '조금 더 연습하고 하겠다'고 말해볼 것이라고 이야기했다. 아이는 나와 이야기하며 충분히 속상함을 표현했고 공감받고 나니 그 해결책을 찾아보게 된 것이다.

J는 또래 상담 반에 신청하여 또래 상담사가 되었다. 친구들의 이야기를 들어주는 것에 관심을 갖게 된 것이다. 자신의 문제를 공감 받으며 해결한 경험을 다른 친구들에게도 느끼게 해주고 싶다고 말했다.

한 번 공감하는 대화를 해본 사람은 그 대화의 기억을 잊을 수 없다. 내가 충분히 인정받고 받아들여지는 대화를 아이에게 경험시켜주면 아이는 그런 대화를 계속 하고 싶어 한다. 그리고 나아가 아이가 다른 사람과의 대화에서 공감하며 대화하기 시작한다. 그렇다면 엄마는 어떻게 공감 대화를 해야 할까?

아이의 자존감을 높여주는 공감 대화 방법

첫째, 아이를 바라보며 듣는다.

말하는 사람을 바라보는 것은 대화를 할 때 기본적인 예의다. 혹시 아이가 이야기할 때 집안일을 하고 있지 않은가? 아이가 말을 하는 시간은 그리 오래 걸리지 않는다. 그리고 오래 걸린다 하더라도 내 아이와 이야기를 나누는 시간을 가장 소중하게 생각해야 한다. 엄마는 아이가 이야기하는 그 시간동안 온전히 아이를 바라봐줘야 한다.

둘째, 아이의 말에 고개를 끄덕인다.

고개를 끄덕이며 듣는 것은 내가 당신의 이야기를 잘 듣고 있다고 몸으로 보여주는 것이다. 부모 교육 강의를 할 때 나의 말을 잘 들어주는 사람에게 감사함을 느낀다. 잘 들어주는 사람은 나를 반짝이는 눈빛으로 바라보고 내 이야기에 끄덕이며 맞장구를 쳐주는 사람이다. 나는 그런 반응을 보이는 사람에게 더 집중하게 된다. 아이도 고개를 끄덕여주는 엄마에게 더 이야기하고 싶어진다.

셋째, 아이가 말을 할 때 반응을 하며 듣는다.

"그랬구나.", "어머.", "그런 일이 있었구나." 하고 아이의 말 사이사이에 추임새를 넣어준다. 그냥 가만히 들어주는 것보다 엄마도 반응을 하며 들을 때 더 집중할 수 있게 된다. 그러면 아이도 더욱 신나서 자신의 이야기를 계속하게 될 것이다.

넷째, 아이의 말을 그대로 따라 말한다.

아이가 "오늘 친구들과 다투었어요."라고 이야기하면 아이의 말을 그대로 "오늘 학교에서 친구들과 다투었구나." 하고 이야기하면 된다. 아이의 말을 듣고 있다는 것을 알려주면 된다. 아이의 말의 핵심 키워드를 찾아 그 이야기를 들은 그대로 이야기해주면 된다.

아이의 감정을 그대로 읽어주고 기다렸다가 또 한 번 그대로 이야기해주는 것이 공감의 대화다. 아이와 대화를 할 때 아이의 말을 그대로 따라 한다. 그리고 아이의 표정과 태도를 나도 똑같이 보여준다. 아이는 부모가 그렇게 행동할 때 마음이 편안해진다. 이해받는다고 생각하기 때문이다.

다섯째, 끝까지 들어주는 것이 중요하다.

마지막까지 계속해서 듣고 있음을 알려준다. 중간에 아이의 말을 끊고 이야기하면 아이는 충분히 들어준다고 느끼지 않는다. 엄마가 하고 싶은 말이 있어도, 바로 해결해줄 수 있는 방법이 있어도 참고 들어줘야 한다. 그래야 아이가 엄마가 나를 공감해주고 존중하며 들어주고 있구나하고 느끼게 된다.

공감하는 것은 어렵지 않다. 온전히 아이의 입장에 서서 아이에게 관심을 기울이면 된다. 판단하고 설득하려 하지 말고 아이의 말을 있는 그대로 들어주는 것이다. '미러링 효과'가 있다. 상대방의 행동과 말을 그대로 따라하는 방법이다. 상대방의 말과 행동을 따라하면 상대가 동질감을 느끼고 편안함과 신뢰감을 얻는다는 의사소통 방법이다. 아이의 입장에서 아이의 마음을 읽어주는 공감 대화로 아이를 편안하게 하고 스스로 가치 있는 사람이라고 느끼게 하라.

공감은 자존감을 키운다

엄마에게 다 이야기해봐.
그래, 나도 너랑 같은 생각이야.

06 아이의 자존감은 엄마와의 관계에서 시작된다

다른 사람들과의 관계 개선에서 가장 중요한 요소는
말도, 행동도 아닌 우리 자신의 인품이다.
-스티븐 코비

어머니의 특별한 반응

박동규 서울대학교 명예교수는 시인 고故 박목월 시인의 아들이다. 그는 어머니와 특별한 관계를 갖고 있었다. 그의 저서 『내 생애 가장 따뜻한 날들』에서 어머니와의 애틋한 관계를 잘 보여준다. 그는 6.25전쟁 당시 일화를 다음과 같이 전한다.

6.25전쟁 당시 그는 13세의 소년이었다. 그의 아버지는 전쟁을 피해 먼저 피난을 갔었다. 한 달이 지나도 소식이 없자 어머니는 피난을 결심하

셨다. 그의 어머니는 아이 둘을 데리고 집안에서 값이 나가는 재봉틀을 머리에 이고 피난길에 올랐다. 그러나 녹록치 않은 피난길에 지쳐갔다. 그리고 계속해서 고향을 떠나 피난지를 떠돌아다니면 남편과도 다시 만나기 어렵겠다고 생각했다. 그래서 다시 고향으로 돌아가기 위해 길을 나섰다.

당시 재봉틀은 귀한 물건이었다. 재봉틀 하나만 있어도 가족이 먹고 살 수 있는 정도였다. 그러나 그의 어머니는 굶어가고 있는 아이들을 위해 재봉틀을 약간의 쌀로 바꾸었다. 그리고 큰아들이었던 박동규 교수에게 갖고 가라고 준다. 그는 그 당시를 회상하며 쌀의 무게가 본인이 맬 수 있는 것보다 좀 더 무거웠다 이야기한다. 그래도 그는 묵묵히 쌀을 매고 걸어갔다고 한다.

길을 가는 중에 한 청년이 그에게 다가와서 무거운 짐을 들어주겠다고 했다. 그는 어린 마음에 흔쾌히 그 쌀을 넘겼다. 고향으로 돌아가는 길이었고 어머니와 두 동생들은 뒤쳐져 오고 있었다. 무겁던 그 쌀을 청년이 흔쾌히 들어주고 말동무도 해주어 좋았었다. 그러나 한참을 같이 걸어오던 그 청년은 갈림길이 나오자 그때부터 걸음을 빨리했다. 아마 그 청년은 쌀을 훔치겠다고 처음부터 마음먹었을 것이다. 그리고 갈림길이 나오자 쌀을 갖고 잽싸게 도망을 갔다.

그는 갈림길에서 쌀을 포기할 수밖에 없었다. 어머니와 동생들이 어디로 갈지 몰랐기 때문이다. 쌀보다는 어머니를 기다리는 수밖에 없었다. 그는 전 재산으로 바꾼 쌀을 잃어버려 걱정이 되었다. 침울하게 한 시간가량 기다린 후 만난 그의 어머니는 그에게 말했다.

"우리 동규가 똑똑해서 엄마를 기다렸구나. 잘 했다. 너는 무엇이든 할 수 있겠다."

그의 어머니께서는 그를 세상 무엇보다도 소중한 존재로 인식시켜주었다. 쌀을 잃어버린 아들을 보고 어머니는 올바른 선택을 했다고 말하셨다. 그 일이 있은 후 그는 자신이 무엇이든 할 수 있는 사람이 되었다고 이야기한다.

굶어죽을 것 같은 상황에서 전 재산을 쌀로 바꿨다. 그런데 그 쌀을 잃어버린 아이가 있다. 이제 계속 굶게 될 것이다. 우리는 어떻게 반응할까? 아이에게 엄마를 기다려줘서 고맙다고 이야기할 수 있을까?

전 재산을 바꾼 쌀보다 소중한 것은 아이 그 자체이다. 아이가 쌀을 포기하고 엄마를 기다린 것은 정말 잘한 일이다. 아이보다 소중한 것은 없다. 내가 그 상황이어도 아이 먼저 챙길 수 있을까? 당연히 그래야 한다. 엄마는 아이가 그 무엇보다도 소중하다는 것을 반복적으로 아이에게 알려줘야 한다.

엄마와 좋은 관계를 맺을 때 자존감이 높아진다

자존감은 무엇일까? 자존감은 자아존중감自我 尊重感,self-esteem이라고 한다. 이는 즉, 자기 스스로 사랑받을 만한 가치가 있는 사람이라는 마음 이고 어떠한 일도 해결하고 이룰 만한 사람이라는 믿음이다. 자기 스스로 사랑받을 만한 가치가 있다는 믿음은 또 다른 무엇과도 바꿀 수 없는 가치를 지녔다는 말이다.

자존감은 상호관계 속에서 높아지는 경우가 많다. 상대방과의 대화에서 그의 반응에 따라 자존감이 높아지기도 하도 낮아지기도 한다. 학교에서 담임을 하며 학기 초 가장 신경 쓰는 것 역시, 아이들과 관계형성이다. 아이들과 담임이 신뢰관계가 형성되면 아이들은 나를 믿고 스스로를 믿으며 함께 생활해나간다. 그 과정에서 경험하는 것들이 모두 아이의 자존감을 높여준다.

엄마는 아이와의 관계를 통해 아이가 자신의 자존감을 높일 수 있도록 양육해야 한다. 엄마가 가장 신경 써야 할 인간관계는 아이와의 관계다. 집에서는 엄마와 아이가 좋은 관계를 맺고 있어야 한다. 선생님은 1년 후면 바뀐다. 하지만 아이와 엄마와의 관계는 평생이다.

평생 한 사람이라도 그 아이를 무조건 믿어주고 지지해준다면 아이는 그 힘으로 평생을 살아가게 된다. 평생 아이와 행복한 관계를 맺기 위해 부단히 노력해야 한다. 사랑하는 아이에게 따뜻한 말 한 마디 더 하고 사랑을 표현하며 좋은 관계를 만들어야 한다. 엄마와의 관계가 좋아야 자존감이 높은 아이로 자랄 수 있다.

사랑하는 아이와 보내는 시간이 아이와의 관계를 좋게 해준다

사랑은 그 사람을 존중하는 것, 그리고 그 사람이 사랑하고 좋아하는 것을 존중하는 것이다. 또 그 사람과 행복한 시간을 보내는 것이다. 아이와의 관계는 아이와 함께하는 시간 속에서 많이 만들어진다.

나는 아이들과 좋은 관계를 맺는 것의 시작은 함께 시간을 보내는 것이라고 생각한다. 최근 뒷모습 증후군이 문제가 되고 있다. 뒷모습 증후군은 과도한 교육열로 아이가 집에서 부모와 보내는 시간보다 학원, 공부 등을 하는 시간이 많아지며 아이의 얼굴보다 뒷모습이 더 익숙해진 상황이다.

아이와 함께 보내는 시간이 점점 줄어들고 있는 현실이다. 부모는 일에 바쁘고 아이는 해야 할 공부에 바쁘다. 하지만 이 시간들을 보낼 때 아이와 만나는 단 15분이라도 정말 그 아이와 알차게 보낸다면 아이와의 관계를 잘 유지할 수 있을 것이다.

나는 삼남매 중에 장녀다. 동생들이 태어나면서 어머니는 자연스럽게 동생들을 돌보시는 데 많은 시간을 보내셨다. 하지만 어머니는 나와의 특별한 시간도 만들어주셨다. 나는 어머니와 2주에 한 번씩은 데이트를 했던 것 같다. 동생들이 유치원을 간 시간에 어머니와 같이 밥을 먹거나 차를 마시며 시간을 보냈다. 그때 나는 어머니와 친밀감을 느끼고 평소에 하지 못한 말을 많이 한 것 같다. 그때 나눈 대화가 나에게 큰 힘이 되었었다. 어머니의 사랑도 느낄 수 있었다.

어머니와 데이트를 하고 온 날에는 어머니께서 동생들과 시간을 많이 보내도 서운하지 않았다. 나는 이미 어머니의 사랑을 느꼈기 때문이다. 또 나는 어머니의 태도에 감동을 받았다. 어머니는 나를 친구처럼 대해 주셨다. 어머니와 동등한 관계가 된 것 같아 어린 나이였지만 존중받는 느낌이 들었다.

어머니는 세 아이를 키우시며 바쁜 중에도 각각의 아이와 시간을 따로 보내셨다. 어머니는 아이들과의 관계를 잘 맺는 것이 중요하다는 것을 이미 알고 계셨던 것 같다. 엄마와의 관계를 힘들어하는 아이들이 많다. 아이가 먼저 마음을 열고 다가오기를 기다리기 전에 좀 어색하더라도 엄마가 먼저 손 내밀어야 한다. 아이는 엄마가 먼저 다가오기를 기다리고 있다.

한 명의 아이와의 특별한 데이트

아이가 좋아하는 일을 하며 데이트하는 시간을 갖는다. 엄마와 단 둘이 함께 하는 시간을 갖는 것이 중요하다. 아이가 외동이면 몰라도 둘 이상이 되면 엄마를 나눠 가져야 한다. 엄마 몸이 나눠지면 좋겠지만 그렇지 못하다. 그럴 때는 일부러라도 시간을 내야 한다.

연년생을 낳고 큰아이에게 소홀해지지 않으려고 노력했다. 큰아이와 둘만의 특별한 시간을 보내기 위해 낮잠을 다르게 재웠다. 둘째 아이가 잠들고 나면 나는 큰아이와 함께 놀이를 하며 시간을 보냈다. 책도 읽어주고 맛있는 간식을 먹기도 했다. 또 어떤 날에는 업어주고 안아주며 시간을 보냈다. 한 시간 남짓한 그 시간동안 오로지 첫째 아이를 위해 시간을 보냈다. 엄마의 사랑을 충분히 느꼈는지 큰아이는 동생에게 질투도 느끼지 않고 오히려 동생을 더 사랑해주었다.

엄마와의 관계가 좋을 때 아이의 자존감은 향상된다. 자존감은 영원한 것도 아니고 항상 고정된 것도 아니다. 지금의 상황에 따라 자존감이 높아지기도 하고 낮아지기도 한다. 그리고 유연하기 때문에 언제든지 변화할 수 있다. 아이의 자존감은 아직 성장 중이다. 주변의 사람에 의해 자존감이 쉽게 낮아질 수 있다. 아이와 보내는 짧은 시간도 의미 있게, 그리고 아이에게만 집중하여 보내보자. 내 아이와 더욱 친밀감이 느껴질 것이고 아이와의 관계는 좋아질 것이다.

행복한 엄마가 자존감 높은 아이를 만든다

> 엄마는 널 사랑해. 조금만 기다려줘.
> 엄마가 조금 이따 너를 오래 봐줄게.

07 아이를 당장 바꾸고 싶은 조급한 마음을 버려라

인생에는 서두르는 것 말고도 더 많은 것이 있다.
—마하트마 간디

아이의 내면의 멋진 아이가 나타나길 기다려준다

내가 상담한 아이 중에 A가 있다. A는 ADHD로 약을 복용하고 있었다. 분노를 있는 그대로 표현했다. 심지어 A의 전 담임 선생님은 A가 친구들을 괴롭히며 다니는 게 두려워 쉬는 시간조차 포기하고 계속해서 교실에 있으셨다고 했다.

3월 첫 날 A는 다른 친구의 손등을 물었다. 이유는 단순했다. 공을 갖고 놀고 있었는데 그 친구가 공을 가져갔기 때문이었다. 나는 아이와 상담을 시작했다. 아이는 자신이 한 행동에 무엇이 문제인지 몰랐다.

나는 아이에게 "너의 마음속에 멋진 사람이 이미 있어. 그 아이를 꺼내 보자."라고 매일 이야기해줬다. 그렇지만 아이는 계속해서 문제 행동을 했다. 수업시간에 욕을 하고 집중을 못하며 전담 선생님들과 계속해서 문제를 만들어냈다. 하루는 여자 아이를 때려 학교 폭력 위원회가 열릴 수도 있게 된 상황이었다. 나는 A를 상담실로 데려갔다. A에게 말했다.

"선생님은 네가 바르게 행동할 것을 믿어. 그리고 넌 반드시 그렇게 될 것이야. 그런데 네가 만약 친구를 괴롭히는 행동을 계속한다면 네가 변화하길 다른 선생님들과 친구들이 기다려주지 못할 수도 있어. A야. 이번이 선생님이 널 도와줄 수 있는 마지막이야. 그 여학생에게 진심으로 사과해야 해. 그리고 다시는 친구를 때리면 안 돼."

나는 진심으로 아이에게 말했다. 욱하는 마음에 행동이 먼저 앞섰다. 하지만 잠깐의 행동에 찾아온 결과는 초등학교 3학년 아이가 견디기에는 매우 컸다. 사실 아이도 불안했던 것이다. 상담 중에 A에게 "너도 사실 불안한 마음이지, 괜찮니?"하고 물어봤다. 아이는 나와 상담 중에 눈물을 보였다.

그리고 나서야 아이는 자신의 잘못을 인정하고 뉘우쳤다. 그리고 그 아이에게 또 그 아이의 부모님께 사과를 드렸다. 다행히 피해 여학생 부모님께서도 A의 상황을 알고 너그럽게 생각해주셨다. 아이가 스스로 변

엄마가 아이의 변화를 믿으며 충분히 기다려줘야 한다.

화할 수 있도록 주변에서 시간을 준 것이다.

나는 A의 변화를 이끌어 내기 위해 6개월 이상 상담을 진행했다. 아이가 아직 어렸기 때문에 6개월 만에 조금씩 변화를 보이기 시작했다. 그리고 아주 작은 행동의 변화가 생겨도 이를 공개적으로 칭찬했다. 학기 말에는 아이가 거의 문제 행동을 하지 않게 되었다.

아이의 행동이 바뀌는 최소시간 21일

아이가 문제 행동을 보이면 엄마는 그 즉시 그 문제를 해결하려 한다. 우리는 너무 급하다. 자판기에 동전을 넣고 버튼을 누르면 음료가 나오는 것처럼 엄마가 어디서 배운 방법을 아이에게 적용하고 그 순간 변화하기를 기대한다. 하지만 아이는 사람이다. 로봇처럼 바로 반응이 나오지 않는다.

평소 갖고 있는 습관을 바꾸기 위해 노력한 적이 있는가? 습관을 바꾸려면 적어도 21일이 걸린다고 한다. 그리고 완전히 내면화되기 위해서는 66일이 걸린다. 아이도 다르지 않다. 문제 행동이 습관처럼 굳어진 아이들이 있다. 그 아이들에게 바로 결과가 나오길 기대하면 엄마도 지치고 아이들도 지친다. 아이의 행동 변화는 조금씩 그리고 긴 기간을 두고 이뤄져야 한다.

나는 그 아이의 변화 시간으로 나이만큼의 개월 수를 잡는다. 10살이면 10개월, 12살이면 12개월로 생각한다. 아이마다 행동 특성이 달라 어떤 아이는 더 짧게 걸리기도 하고 어떤 아이는 더 길게 걸리기도 한다. 내가 이렇게 생각하는 이유는 조바심을 버리고 길게 보려는 목적이다.

나에게 상담을 오는 엄마들에게 아이의 변화는 당장 눈에 보이지 않는다고 이야기해준다. 엄마들에게 긴 시간을 기다리라고 한다. 그리고 아이보다 먼저 지치지 말라고 조언한다. 엄마가 아이의 변화를 믿으며 충분히 기다려줘야 한다.

엄마의 조급함 버리기 연습

나는 "빨리하자.", "얼른하자."라는 말을 습관적으로 했다. 아이를 키우면서 빨리 하자는 말을 한 번씩은 해봤을 것이다. 그런데 나는 하루에도 수십 번씩 했다. 내가 도대체 얼마나 많이 이야기하고 있는지 세어보았다. 아이와 대화하는 문장마다 아이를 재촉하는 말을 하고 있었다.

"얼른 옷 입어. 나가야지."
"자, 이제 세 숟갈 남았다. 빨리 먹자."
"엄마 바빠. 얼른 하자."

엄마의 조급한 마음이 아이를 계속 조급하게 만드는 것이다. 일상의 모습들이 내 아이를 바쁘게 만드는 것이 아닌지 생각해봐야 한다. 나는 나의 말 습관을 알아차리고 나서 많이 반성했다. 아이에게 시간을 주지 못하고 계속 재촉하는 말만 했다.

내가 어떤 말을 사용하고 있는지를 적어보는 것이 좋다. 아니면 일정 시간동안 휴대전화를 이용해 녹음을 해서 들어보는 방법도 효과적이다. 엄마가 엄마 말의 습관을 확인할 때 더 잘 고칠 수 있다.

나는 의도적으로 '빨리'라는 말을 빼고 아이에게 말했다. 그리고 나 스스로 느긋한 엄마가 되기 위해 노력했다. 아이에게 말하기 전에 속으로 5초를 세었다. 그리고 5초 후에 말을 했다. 말하기 전에 숨을 한 번 쉬고 이야기하려 노력했다.

5초가 짧아 보이지만 내가 급한 마음을 누그러뜨리기에는 충분한 시간이었다. 마음속으로 하나, 둘, 셋, 넷, 다섯까지 세고 나면 내 마음도 차분해지고 아이를 재촉하지 않을 수 있었다. 이 방법은 화를 조절할 때에도 정말 큰 도움이 되었다.

큰아이가 아토피로 많이 고생했다. 지금은 나아졌지만 돌 전후에는 피부가 많이 안 좋았다. 나는 좋다는 로션은 다 발라본 것 같다. 아토피에 좋다는 것은 다 사봤다. 그리고 아이에게 해봤다. 한 달 정도 해보고 효과가 없다고 생각해 바꾸고를 계속 반복했다.

아이의 피부가 다시 만들어지는 데 시간이 필요하다는 것을 몰랐다. 다른 사람이 좋다고 이야기한 방법이 내 아이에게도 딱 맞아 바로 효과를 볼 것이라고 생각했다. 나는 아이의 아토피에 진 것이다. 조급하면 섣

불리 행동하게 된다. 그러면 그 조급한 마음에 무너지게 된다. 하지만 원칙을 가지고 꾸준히 행하면 반드시 변화될 것이다.

　엄마가 흔들리지 않는다면 때가 되면 아이는 다 이룬다. 믿음으로 기다리면 아이는 반드시 결과로 보여준다. 엄마가 조급한 마음에 흔들리면 그 과정은 이도저도 아닌 것으로 끝난다. 그럼 이제까지 한 노력들도 물거품이 되어 버린다.

　겨울이 지나고 봄이 되어 나뭇잎에 잎이 하나 둘 자라는 것 같다가 어느새 온 세상에 초록 잎이 가득하다. 계절의 변화도 서서히 이루어진다. 어느 순간 돌아봤을 때 그 변화를 새삼 실감하게 된다. 아이의 변화도 이와 같다. 하루 이틀 그대로인 것 같아 보이지만, 아이는 꾸준히 성장하고 있는 중이다. 엄마의 긍정적인 믿음으로 충분히 기다려야 한다. 아이는 어느 순간 부쩍 자란 모습으로 엄마에게 보답할 것이다.

아이의 자존감을 높여주는 엄마의 한 마디 14

여유는 자존감을 돕는다

너의 마음속에 이미 멋진 사람이 있어.
그 아이를 꺼내보자.

08 아이의 감정을 이해하라

낮은 자존감은 계속 브레이크를 밟으며 운전하는 것과 같다.
—맥스웰 말츠

2018년 한 도시 한 권 읽기 책으로 손원평 작가의 『아몬드』가 선정되었다. 이 책의 주인공은 윤재다. 그는 분노도 공포도 못 느낀다. 아무리 위험한 상황이 생겨도 머리로만 이해할 뿐이다.

그는 아몬드라고 불리는 편도체가 작아 아무 감정을 못 느끼며 살아간다. 편도체는 뇌에서 감정과 관련된 정보를 처리하는 부분이다. 아무 감정을 못 느끼면 어떻게 될까?

감정을 못 느낀다면 행복도 기쁨도 느끼지 못한다. 뿐만 아니라 불안, 두려움, 공포도 모른다. 감정은 느끼는 것뿐만 아니라 생명의 안전에도 중요하다. 두려움과 공포가 없으면 위험이 다가와도 위험한지 모르기 때문이다.

다양한 감정 표현하기 연습

다행히 우리 아이들은 감정을 느끼며 살아간다. 아이들이 느끼는 감정은 어떤 것들이 있을까? 수업시간에 아이들에게 느낀 점을 이야기해보라고 한다. 그러면 대부분의 아이들이 몇 가지 감정만을 표현한다. '재미있어요.', '좋아요.', '별로예요.'로 모든 감정을 표현한다.

우리가 느끼는 감정이 이것만 있는 것은 아니다. 그러나 감정을 표현하는 말을 제대로 배우지 못 해 자신의 감정을 몇 가지 표현으로 제한한다. 감정 표현하는 것도 학습해야 한다. 다양한 감정이 있음을 알고 그 감정을 정확히 표현해야 한다.

아이가 감정을 학습하는 방법은 엄마가 아기일 때부터 아이의 감정을 다양하게 읽어주는 것에서 시작한다. 아이는 엄마의 감정 표현으로 감정 표현 방법을 배운다. 아이가 울면 '속상하구나.', '억울하구나.', '화가 나는구나.', '분노했구나.' 등등 다양한 표현으로 아이의 감정을 읽어주면 된다. 그럼 아이는 감정이 여러 종류임을 알고 지금 자신의 감정이 어디에 해당하는지를 생각하게 된다.

B의 엄마는 남매가 계속해서 다투는 게 걱정이라고 했다. 그러면서 다음과 같이 괴로움을 호소했다.

"아이들이 싸웠을 때 어떻게 해야 할지 모르겠어요. 한 아이의 편을 들면 다른 아이가 섭섭해합니다. 그래서 가만 두고 보자니 울화통이 터집니다. 싸움을 해결해주고 아이의 감정도 상하지 않는 방법이 무엇이 있을까요?"

B 남매는 서로 마주치기만 하면 으르렁 거리며 다툰다고 한다. 엄마는 아이들이 다투었을 때 어떻게 해결해줘야 하는지 몰라서 고민이었다. 누가 잘못하고 잘 했는지를 판단하려고 했다. 그 과정에서 아이들 둘 다 모두 감정이 상했다. 그리고 아이는 엄마에게 "엄마는 동생 편만 든다."고 말한다. 엄마는 문제를 해결해주려고 한 것뿐인데 억울하고 속상하다.

감정카드를 활용하여 아이의 감정 읽어주기

감정카드를 활용하여 아이의 감정을 읽어주는 방법이 있다. 아이들이 다투었을 때 종종 감정카드를 활용한다. 감정카드를 활용하면 엄마가 문제에 직접 개입하지 않으면서도 아이가 만족할 만한 해결을 해줄 수 있다.

첫째, 여러 가지 감정을 나타낸 카드를 벽에 쭉 붙여놓는다.

감정카드를 평소에도 붙여 놓으면 아이가 다양한 감정 표현을 배울 수 있다. '기쁘다.', '행복하다.', '설렌다.', '걱정된다.', '지루하다.', '초조하다.', '화난다.', '짜증난다.' 등등 다양하면 다양할수록 좋다. 아이가 감정이 격해진 상황일 때 그 자리를 벗어나 감정 카드가 있는 곳으로 자리를 옮긴다. 그 과정에서도 아이는 한 번 감정이 누그러질 수 있다.

둘째, 아이는 자신의 지금 감정을 카드로 선택한다.

아이가 감정카드가 붙어 있는 벽에 왔다면 이제 아이의 지금 감정을 표현해줄 수 있는 카드를 선택하라고 한다. 아이가 어떤 카드를 선택하면 엄마는 "이 카드를 선택했구나, 왜 선택했는지 말해줄래?"라고 물어보면 된다. 아이는 카드를 보며 자신이 왜 그런 감정을 느꼈는지 이야기할 것이다. 엄마는 그때 들어주기만 하면 된다. 아이는 자신이 그 감정을 느끼게 된 과정을 이야기하며 부정적인 감정이 다 풀린다. 이야기하는 과정에서 해결이 되는 것이다.

셋째, 이야기 후 다시 감정카드를 선택한다.

아이들 각각의 이야기를 충분히 들어주고 난 후 상황이 해결이 되면 그때의 감정을 다시 선택한다. 다투고 난 후 자신의 감정을 선택하고 그 이유를 말하는 과정을 서로 듣다보면 상대방에 대해 이해하는 폭이 넓어진다. 그리고 그 이해를 바탕으로 상대를 용서하게 된다. 문제가 해결되고 상대방을 용서할 때의 긍정적인 감정을 아이가 확인하는 것이 좋다.

감정카드를 활용하여 문제 상황에 접근하면 엄마는 훌륭한 중재자가 된다. 그 효과가 좋다. 더욱이 그 싸움에 직접 개입하지 않으니 엄마의 감정도 보호가 된다. 또 여러 과정의 대화를 통해 아이들은 엄마가 자신들을 모두 이해해줬다고 느낀다. 그리고 다른 상황에서 비슷한 갈등이 생겼을 때 해결하는 방법까지 배울 수 있다.

아이의 감정을 이해하고 아이가 긍정적인 감정 느끼게 하기

아이가 걸어가다 넘어져 우는 상황을 누구나 겪어봤을 것이다. 아이가 울면 엄마는 바닥에 대고 "맴매" 소리친다. 거기에 "누가 그랬어!"하고 소리친다. 우는 아이보다 넘어지게 한 바닥을 혼내는 것을 우선한다. 그러나 아이는 넘어져서 아프고 속상하고 창피한 마음이 든다. 아이의 부정적인 감정은 해결이 안 되었다.

자신의 잘못으로 넘어진 상황에서도 엄마의 이런 반응은 아이가 자라며 어떤 문제가 생겼을 때 다른 이를 탓하게 만든다. 다른 사람 때문에 내가 넘어졌다고 생각하게 되기 때문이다. 아이는 자신의 화를 풀 대상을 찾고 복수를 해야 해결되었다고 생각하게 된다. 더욱이 아이는 창피함과 무안함, 속상함이 해결되지 않는다. 그 감정이 그대로 남아 있다. 거기에 분노라는 감정이 더해진다.

아이가 넘어졌을 때는 제일 먼저 "괜찮아?"하고 물어봐야 한다. 아이가 아파서 계속 울면 엄마가 "아프니?"하고 물어봐주면 된다. 그리고 함께 아파해주는 것이다. 엄마가 아이의 감정의 흐름을 이해하고 아이에게 이야기해주는 것이다. 그럼 아이의 반응은 두 가지다. 더 크게 울거나 괜찮다고 이야기하거나. 아이의 반응에 따라 또 엄마는 아이의 감정을 이야기해주면 된다. 아이가 엄마로부터 자신의 감정을 이해받고 있다고 느끼면 된다.

더 크게 우는 아이에게는 "많이 속상하구나."라고 이야기해주고 "엄마가 위로해줄게."라고 이야기한다. 또 괜찮다고 이야기하는 아이에게는 "아파도 씩씩하게 잘 이겨냈네."라고 격려해주면 된다.

아이는 넘어진 상황에서 이제 어떻게 반응하면 되는지를 배운다. 속상할 때 위로를 받을 수 있다는 것을 알게 된다. 그리고 자신이 문제 상황을 해결할 수 있으면 씩씩하게 극복하고 이겨내면 된다는 것을 알고 다음에 동일한 상황이 만들어지면 스스로 반응을 선택할 것이다.

감정을 이해받은 아이는 또 다른 문제 상황에서도 엄마에게 이해받았던 그 상황을 생각한다. 그리고 새로운 문제 상황에 적용한다. 자신의 실수에서 느낀 감정을 이해받은 아이는 편안해진다. 아이가 실수에도 주눅들지 않고 편안함을 느끼는 중심에 엄마의 감정이해가 있다. 엄마에게 위로를 받을 수도 있고 칭찬을 받을 수도 있다는 것을 알게 되면 자신의 실수에도 아이가 편안해진다.

아이들이 감정을 이해받는 것은 중요하다. 때문에 아이들이 느끼는 감정을 충분히 이해해주고 넘어가야 한다. 엄마가 아이들이 느끼는 감정을 엄마의 말로 읽어줘야 한다. 그리고 아이가 감정을 표현하는 것을 들어줘야 한다. 그렇지 못하면 아이들은 감정을 이해받지 못한다고 느낀다. 그리고 자신의 감정이 무시되고 있다고 생각한다.

감정은 계속해서 변화한다. 나 스스로 나의 감정을 알아채고 그 감정에 휘둘리지 않는 것이 중요하다. 나의 감정을 객관적으로 읽고 그 감정을 받아들이고 나면 나는 그 감정으로부터 자유로워질 수 있다. 부정적인 감정, 긍정적인 감정 모두 자신이 통제할 수 있어야 한다.

다른 사람들로부터 감정을 이해받는 것이 자신의 감정을 알아가는 시작이다. 아이의 감정을 이해해야 한다. 아이는 엄마로부터 자신의 감정을 이해받고 존중받아야 한다. 엄마가 아이의 감정을 읽어줄 때 아이는 감정 읽는 법을 배워 스스로의 감정으로부터 자유로워질 수 있다.

이해받는 아이는 자존감이 높다

괜찮아. 괜찮아. 엄마도 네 기분 알아.
많이 속상했구나. 엄마가 위로해줄게.

3장

아이의 자존감을 키워주는
8가지 육아법

01 다른 엄마의 육아와 비교하지 마라

자식을 기르는 부모야말로 미래를 돌보는 사람이라는 것을
가슴속 깊이 새겨야 한다.
자식들이 조금씩 나아짐으로써
인류와 이 세계의 미래는 조금씩 진보하기 때문이다.
−임마누엘 칸트

초보 엄마의 자존감은 낮아진다

아이를 키우는 엄마들을 보면 대부분 자존감이 낮다. 나 또한 아이를 키우며 자존감이 낮아졌었다. 자존감은 내가 무엇이든 잘한다고 생각할 때 높아진다. 하지만 처음 아이를 키우는 엄마들은 모든 것이 서툴다. 나는 임신했을 때 아이를 낳으면 아이가 저절로 자라는 줄 알았다. 하지만 아이가 태어나면 그때부터 진정한 시작이었다.

아이를 낳고 병원에 입원해 있으면 그 날 새벽부터 신생아실에서 수유를 하러 오라는 전화가 온다. 그러면 나는 새벽에 부스스한 모습으로 수

유를 하러 갔었다. 그래도 아이를 보면 신기하고 벅차올랐다. 내가 아이를 10달간 잘 키워 태어나게 했다는 뿌듯함도 있었다. 하지만 내가 아이를 키우는 데 필요한 모든 것들은 다 처음이었다. 태교를 하며 책을 통해 읽어보긴 했지만 아이의 기저귀를 갈아주는 것, 모유 수유하는 것, 씻기는 것 다 새롭고 서툴렀었다.

큰 아이를 낳고 병원에서 바로 집으로 갔었다. 병원에서 와서 이틀은 남편과 둘이 아이를 돌보았었다. 아이가 태어나면 그 전에는 상상하지 못했던 생활을 하게 된다. 나는 새벽에 5분에서 10분마다 일어났었다. 아이가 조금만 움직여도 배고픈 줄 알고 수유를 했었다. 아이가 자면서도 움직일 수 있다는 것을 알지 못할 정도였다. 나는 아이를 키우면서 육아를 배울 수 있었다.

아이는 나와 단 둘이 있으면 계속해서 울다가 도우미 이모님께서 오셔야 울지 않고 잠을 잤다. 이모님께서 가시면 아이는 두 시간이고 세 시간이고 울었다. 아이가 왜 울고 있는지를 찾지도 못한 채 우는 아이를 안고 달래주고 있었다. 엄마인 나는 기본적인 욕구조차 해결하기 어려웠다. 아이가 태어나면 그 전에는 상상하지 못했던 생활을 하게 된다.

나는 혼란스러웠다. 주위의 엄마들은 능수능란하게 하는 것 같았다. 편안하게 육아를 하고 그 시간을 즐기는 것처럼 보였다. 하지만 나는 실수투성이 엄마였다. 아이에게만 집중하고 있는데도 아이는 계속 울었다. 그리고 자녀 교육서를 잡히는 대로 읽기 시작했다. 그러나 나는 육아를 글로 배우고 그대로 못하는 나를 스스로 자책했었다.

낮은 자존감은 다른 사람과 나를 비교하게 한다

하루는 대학생 때 만난 친구가 우리 집에 놀러왔다. 오랜만에 친구를 만나서 그랬는지 집보다는 밖에 나가고 싶었다. 나는 그 친구와 둘이 16개월, 3개월 아기를 데리고 외식을 하러 갔다. 나가는 길에 아이들은 유모차에 잘 누워있었다. 그러나 나는 식당에 들어서자마자 외식을 하자고 한 내 선택을 후회했다. 아이들은 칭얼거리기 시작했고 혼자 둘을 돌보며 나는 결국 한 젓가락도 먹지 못하고 아이들을 보다가 집에 왔다. 친구랑 이야기도 제대로 나누지 못했다.

친구는 집으로 돌아가서 나에게 커피 쿠폰을 보내주었다. "영신아, 너 정말 힘들겠다. 이거 먹고 힘내."라는 말과 함께 걱정 가득한 문자로 나를 위로하려 했다. 그녀는 예쁜 옷을 입고 안쓰러운 눈빛으로 나에게 힘내라고 이야기했다. 아이 키우며 옷도 제대로 갈아입지 못한 나와 비교되었다.

나는 이 우울한 마음을 동네 엄마들과 나눴다. 비슷한 또래를 키우며 집에서 살림만 하는 엄마들과 매일 만나며 서로 힘든 일들을 나누었다.

육아를 하며 힘든 점도 비슷하고 고민도 비슷해서 그랬는지 우린 정말 급속도로 친해졌다.

함께 모여 점심도 같이 먹고 아이들끼리 어울려 노는 동안 잠시 쉬기도 했다. 그러면서 이런저런 육아 정보를 나누었다. 누구네 아이는 밥을 잘 먹는다. 또 다른 아이는 말을 빨리 한다. 다른 아이는 보여줄 수 있는 개인기가 많다 등등 엄마들은 자기 아이를 자랑했다. 나는 6개월 된 아이가 원숭이 흉내 개인기를 따라 하는 것을 보고 부러워하는 마음을 갖는 엄마였다. 내 육아방법과 다른 엄마의 육아방법을 비교하며 위축되었다.

인터넷 블로그, 맘 카페의 글을 보면 더더욱 나의 모습과 비교되었다. 한 엄마가 좋은 전집을 샀다고 이야기하면 나는 남편에게 말해 그 전집을 사러 갔었다. 아이를 키우면서도 아름답게 인테리어를 하고 사는 사람들과 정신없이 육아 용품이 여기 저기 널려 있는 내 모습을 비교하였다. 누구나 사는 모습이 다르다는 사실을 받아들이기까지 나는 다른 엄마들과 비슷하게 살기 위해 노력했다. 나는 그들을 따라하려고 노력했다. 하지만 따라하려고 하면 할수록 부족한 모습만 보이게 되었다. 나는 점차 우울해져갔다. 계속되는 비교에 나 스스로 초라해 보였다.

엄마로서 나 자신에게 확신을 갖고 당당하게 살아간다

나 자신도 그랬지만 나는 다른 사람들과 비교를 하며 힘들어하는 엄마들을 종종 만난다. 그녀들은 하나같이 "다른 엄마들은 어떤가요? 제가 잘 하고 있는 건가요?"를 묻는다. 엄마가 이렇게 불안해하고 다른 엄마의 양육방식과 비교를 하는 이유는 무엇일까?

'흔들리지 않으며 피는 꽃이 어디 있겠냐.'는 시구가 있다. 엄마로 처음에는 흔들리는 것이 당연하다. 나는 잘못된 육아방법으로 뉴스에도 나왔던 방법을 믿고 그것을 따라 아이를 키운 적도 있다. 그렇지만 그 실수 안에서 배운 것도 많다. 실수했다고, 실패했다고 무너지는 것은 아니다. 아이를 키우기 위해 노력했던 것들 아닌가. 아이를 잘 키우겠다는 목표만 있으면 된다. 그리고 실수를 인정하고 올바른 방향을 잡고 아이를 키우면 된다.

나 스스로 당당하고 확신이 있다면 흔들리지 않는다. 이 확신은 어디에서 나오는가? 나를 믿는 것에서 나온다. 나를 믿으면 내 행동에 확신이 선다. 다른 사람의 말에 의해 움직이는 것이 아니다. 내 내면을 들여다보면 내 안에서 하는 말이 들린다. 그 말로 움직이면 된다. 그러면 나는 흔들리지 않는다.

처음 엄마가 되어선 육아 스킬을 배우기보다 엄마로 살아가는 마인드를 갖춰야 했다. 엄마로 살아가는 그 과정에서 겪는 심리 변화를 미리 알고 준비해야만 했다. 나는 뒤늦게 엄마로 살며 아이를 키우기도 하지만 '나' 스스로의 삶도 살아야 함을 알게 되었다.

내가 단단해지니 주변의 어떤 모습도 나를 흔들지 않았다.

나 스스로도 또 육아에 있어서도 나만의 육아를 실현할 수 있었다.

나는 정회일 작가가 운영하는 '꿈행부기' 카페를 통해 실천 독서를 알게 되었다. 그 전에도 책을 많이 읽었는데 이젠 행동하며 읽기 시작했다. 그리고 엄마로 살며 성공한 사람들을 만나기 시작했다. 성공한 사람들을 만나던 중 『내 감정에 서툰 나에게』의 저자 최헌 작가를 알게 되었다. 그리고 서서히 변화하며 나는 나만의 꿈을 현실로 만들어 가고 있다.

내가 단단해지니 주변의 어떤 모습도 나를 흔들지 않았다. 나 스스로도 또 육아에 있어서도 나만의 육아를 실현할 수 있었다. 주위의 정보들을 부러움의 대상이 아닌 활용의 대상이 되었다. 내가 선택할 수 있는 자유가 생겼다. 나는 더 나아가 나 스스로 엄마가 되어 살아가는 비전 선언문을 적었다.

- 아이를 키우면서도 내 꿈을 이뤄나가기
- 자존감육아연구소에서 육아로 지친 엄마들의 마음을 위로하기
- 아이에게 따뜻하고 편안한 엄마 되어 자존감 높은 아이로 키우기
- 모든 엄마들이 행복한 육아를 하고 아이들이 행복한 어린 시절을 보낼 수 있도록 내 경험과 지혜를 전하는 메신저로 살아가기
- 교육방송 출연으로 엄마들에게 아이의 자존감을 키우는 육아법 전하기

비교는 다른 사람과 하는 것이 아니다. 어제의 나와 비교하는 것이다. 어제의 나보다 오늘 하나 더 발전했다면 나는 성공한 하루를 보낸 것이다. 엄마들도 아이의 나이만큼 성장하는 것이다. 처음부터 잘 하는 사람은 아무도 없다. 지금부터 어제와 다르게, 내가 할 수 있는 아주 작은 일을 해 나가면 된다. 지금 하는 시도가 나와 내 아이를 단단하게 만들어줄 것이다.

끝에서 웃는 자가 되자. 다른 사람과 비교로 속상해하는 나와는 결별하자.

자존감은 스스로를 인정한다

지금 너의 모습이 가장 좋아.
난 네가 자랑스러워.

02 아이의 기질과 성격의 특징을 파악하라

그대는 누가 뭐라 해도 우주 유일의 존재다.
—이외수

엄마와의 아이의 성향은 다를 수 있다

초등학교 1학년 때 스승의 날을 맞이해서 어머니께서는 담임선생님 선물과 편지를 준비하자고 하셨다. 나도 정성껏 선생님께 내 마음을 담아 준비를 했었다. 그런데 그걸 선생님께 전해드리기까지 하루 종일 진땀을 흘렸었던 기억이 있다.

결국 마지막 시간이 지나고 하교할 때가 되었다. 나는 이대로 집에 가려다가 집에 가서 엄마에게 못 전해드린 것을 어떻게 말씀드릴까가 걱정

나 스스로 에너지를 얻는 방향이
혼자 보내는 조용한 시간에 있었던 것이다.

되었다. 그래서 나는 선생님께 그 선물을 던지듯 드리고 빠르게 교실을 빠져나갔다.

어머니는 내가 발표도 못하고 너무 조용한 아이여서 걱정이 컸다고 하신다. 어머니가 나서서 해줄 수 있는 것들은 모두 다 해주셨다고 한다. 나는 학교를 다니며 단 한 번도 반장을 해본 적이 없다. 하지만 우리 어머니는 단 한 번도 반대표를 놓쳐보신 적이 없으시다. 어머니는 잘 나서지 않는 내가 걱정이라고 하셨다. 눈에 띄는 아이이길 바라셨는데 그렇지 못한 나는 어머니와 다르다는 것을 이해받지 못했다. 그리고 내가 잘못되었다고만 생각했다.

우리 어머니는 외향적이다. 사람들을 만나는 것을 좋아하고 뭐든 앞에서 이끄는 것을 좋아하신다. 반면 나는 내향적이다. 나는 사람들을 만나는 것보다 혼자 있는 것이 더욱 편하다. 지금이라도 어머니와 나의 차이를 알게 된 것은 행운이다. 어머니와 나의 다름을 인정하고 마음이 편안해졌기 때문이다. 하지만 어린 시절 어머니는 나의 이런 성향을 이해하지 못하셨다. 성향이 다른 사람이 있다는 것을 몰랐다.

나의 기질과 내 아이의 기질을 알 수 있는 방법

대학교 4학년 때 수강했던 심리 수업에서 내가 어머니와 왜 다른지, 그리고 왜 서로 관계에서 힘든 점이 있었는지 그 이유를 찾아낼 수 있었다. 심리 상담 수업에서 나는 MBTI 검사를 했다. 그 검사 결과 나와 어머니의 기질이 전혀 달랐던 것이다. 스스로도 나의 기질과 성격의 특징을 파악하는데 많은 시간이 들었다. 나는 내가 자신감이 없어서 다른 사람들과 함께 시끌벅적한 시간을 보내고 오면 힘이 빠진다고 생각했다. 하지만 그런 것이 아니었다. 나 스스로 에너지를 얻는 방향이 혼자 보내는 조용한 시간에 있었던 것이다.

MBTI 검사는 심리학자 G. C. Jang의 심리 유형론을 기반으로 한다. 융의 심리 유형론을 바탕으로 사람의 에너지가 어느 방향으로 흐르는지를 16가지 유형으로 정리한 것이다. 사람마다 각자 다양하게 살아가고 있지만 간단한 몇 가지 유형으로 구분 지을 수 있다는 생각에서 검사 도구를 만든 것이다.

사람들마다 선호하는 상황이 다르다. 그리고 이 선호하는 경향에 따라 행동을 정해 간다. MBTI검사를 하며 내가 알던 나의 모습을 한 마디로 정리해주는 기분이 들었다. 그리고 보다 명확하게 나를 이해할 수 있었다.

MBTI에서는 에너지를 얻는 방향에 따라 4가지 선호 유형이 달라진다. 외향형과 내향형으로 구분한다. 또 현실을 직시하고 경험에 의한 사고를 하는 감각형과 상상과 미래 지향적인 직관형으로 나눈다. 판단을 하는 선호 방향에 따라 진실과 객관적인 사고에 의해 판단하는 사고형과 사람과의 관계를 중지하는 감정형으로 나뉜다. 마지막으로 정확한 목적과 방향을 바탕으로 철저하게 계획하는 판단형과 모든 일에 융통성을 발휘하는 인식형으로 나뉜다.

에너지를 얻는 방법	외향형	내향형
정보를 수집하는 방법	감각형	직관형
판단하고 결정하는 방법	사고형	감정형
생활하는 방법	판단형	인식형

심리 검사는 표준화 검사로 객관적인 판단 자료를 제공하기는 하지만 오차 없이 정확한 것은 아니다. 또한 어느 것이든 옳고 그른 것은 없다. 사람마다 편안하게 느끼는 쪽이 좋을 것이다. 그러니 내가 맞고 틀리고는 생각할 필요가 없다. 그리고 검사 도구를 활용한 검사는 단순히 내 아이를 파악하기에 도움을 받기 위한 측면으로 접근하면 된다. 이 방법을 전적으로 믿을 필요가 없다는 말이다. 중요한 것은 엄마가 이러한 검사 내용과 더불어 주관적인 해석을 해서 아이를 바라봐야 한다는 것이다. 혹은 전문가를 찾아가 아이에 대해 정확하게 파악하는 것도 좋다.

나와 다름을 이해하고 인정하기

부모와 아이는 전혀 다르다. 아이는 부모와 다르게 태어난다. 부모는 이를 인정해야 한다. 아이는 나와 다르다. 아이는 그 자체로 고유한 존재이다. 그러니 "너는 누구 닮아 이 모양이니?"하고 물어보면 안 된다. 누구를 닮을 수 없다. 아이는 아이 그 자체로 봐야 한다.

학부모 상담을 진행하다 보면 이렇게 부모와의 기질 차이 때문에 아이를 보다 더 크게 걱정하는 부모들이 있다. 교사인 내가 보기에는 지극히 정상적인 행동도 아이의 부모는 이해할 수 없다는 태도를 보인다. 이런 부모를 보면 아이와 기질과 성격이 매우 다른 것을 알 수 있다.

나는 이러한 엄마들의 시행착오를 줄여주기 위해 '자존감육아연구소'를 만들었다. 아이의 자존감이 향상시키기 위해서는 엄마와 다른 아이를 있는 그대로 존중해야 한다. 다름을 인정하고 받아들일 때 아이는 스스로 자신이 가치 있는 사람이라고 인정하게 된다.

나는 학기 초에 내가 맡은 아이들의 성격유형 검사를 실시한다. 학교에서 수업을 하다 보면 내 기질과 비슷한 아이들을 이해하기 쉽다. 그 아이들의 행동은 그냥 봐도 이해가 된다. 그래서 나는 나와 기질적으로 성격적으로 차이가 있는 아이들을 파악하고 이해하기 위해 노력한다.

내가 주로 활용하는 심리 검사 사이트는 다음과 같다.

EBS표준화 심리 검사, 꿈의 지도www.ebsmpi.com에서는 유아 다중지능 검사, 유아 성격검사, 유아 발달 검사뿐 만 아니라 초등학생, 중학생, 고등학생을 위한 심리검사들이 많이 있다.

또 한국 직업 능력 개발원 커리어넷www.career.go.kr에서는 청소년을 위한 검사를 실시할 수 있다. 또 대학생과 일반인을 대상으로 한 심리 검사도 실시할 수 있다.

데이비드 커시의 『나의 모습 나의 얼굴』에서 아이의 기질을 파악하는 것에 대해 다음과 같이 설명한다.

"참된 나 자신이 된다는 것은 곧 나의 이 얼굴, 이 모습을 있는 그대로 받아들이고, 수용하게 된다는 것을 의미한다. 내가 나를 수용하는 그만큼 우리는 남을 수용할 수 있고, 내가 나를 이해하고 받아들이는 그 만큼 타인을 이해하고 받아들일 수 있게 된다."

엄마가 아이의 기질과 성격 특성을 파악하고 아이를 대하는 것은 아이를 키우는 데 있어 가장 중요하다. 또한 엄마의 기질과 성격 특성을 파악하고 아이와의 다른 점을 알아야 한다. 아이를 이해하고 존중하는 것은 아이와의 다름을 인정하고 그 다름에서부터 시작하는 것이다. 그래야 엄마와 아이와의 갈등을 줄일 수 있다. 아이를 진정으로 지지할 수 있는 것이다.

자존감은 특별하게 만든다

너는 너만의 특별함으로 세상을 살아갈 거야.
너와 같은 사람은 아무도 없단다.

03 아이가 잘한 점을 구체적으로 칭찬하라

"사랑의 첫 번째 임무는 상대방의 말을 잘 들어주는 것이다."
– 폴 틸리히

엄마가 아이의 노력을 칭찬해야 하는 이유

엄마는 아이의 존재 자체와 노력의 과정을 칭찬해야 한다. 결과와 능력만 칭찬한다면 아이의 자존감은 낮아진다.

EBS 다큐프라임에서 방영한 〈칭찬의 역효과〉에 아이들에게 기억력 테스트를 진행했다. 그 진행 과정에서 A그룹에게는 다음과 같이 칭찬했다.

"똑똑하다."

"너는 어쩜 그렇게 잘 외우니?"

"너는 정말 기억력이 좋구나."

"와. 최고야."

반면 B그룹에게는 다른 방식으로 칭찬을 했다.

"너는 정말 외우려고 노력했구나."

"너는 많이 외우려고 너만의 방법을 찾았구나."

실험을 진행하던 사람은 정답이 적힌 카드를 아이 옆 책상에 두고 잠시 자리를 비운다. 두 그룹의 결과가 어떻게 되었을까. A그룹의 많은 아이들이 책상에 놓여 있는 카드를 몰래 보았다. 그리고 많이 외우지 못 한 자신의 결과에 초조해했다. 반면 B그룹은 정답을 보지 않았다. 그저 자신이 기억해낸 단어들의 개수와 상관없이 만족해했다.

이 두 그룹의 칭찬 방법에는 어떤 차이가 있는 것일까. A그룹은 아이의 능력과 결과를 칭찬하였다. B그룹은 아이의 노력과 결과를 이루기 위한 과정을 칭찬한다.

능력과 결과에 칭찬을 받은 아이들을 자신이 그 칭찬대로 해내지 못할 것을 걱정한다. "와. 잘한다." "똑똑하다.", "예쁘다.", "착하다."라는 칭찬은 아이들의 자존감을 키우는 방법이 아니다. 오히려 내가 무엇을 잘 하는지 모르고 똑똑하지 않는 스스로에게 좌절한다.

자신의 능력이 그 정도가 되지 않는 것 같은데 엄마의 칭찬에 맞추기 위해 노력을 하는 것이다. 그러다 아예 노력을 포기하는 상황까지 발생한다. 아이는 내가 머리는 좋지만 안 했기 때문에 못하는 것이라고 스스로를 위로하기까지 한다.

아이들은 결과로만 칭찬을 받으면 실패를 두려워한다. 그러나 성공으로 가는 과정엔 반드시 실패가 있다. 실패를 어떻게 받아들이느냐가 중요하다. 그러므로 과정과 노력을 칭찬해야 한다. 그러면 실패를 하더라도 과정에 열심히 한 스스로를 칭찬할 수 있게 된다.

아이들은 아이들이 하는 노력에 대한 칭찬과 격려를 통해 도전하는 힘을 갖게 된다. 어려운 상황이 와도 쉽게 포기하지 않는다. 끝까지 해 나가는 힘이 생기고 결국에는 성취하게 된다. "집중해서 공부하고 있는 모습이 참 보기 좋네." 하고 아이의 노력을 칭찬해보자. 아이는 노력하는 것만으로도 자신이 엄마에게 인정받는다고 생각하고 자신감이 생긴다. 엄마가 아이의 노력을 칭찬해야 하는 이유다.

아이를 위한 칭찬의 목적

내가 자라며 들었던 칭찬 중 어떤 칭찬을 들었을 때 가장 행복했는지

아이들은 아이들이 하는 노력에 대한
칭찬과 격려를 통해 도전하는 힘을 갖게 된다.

생각해봤다. 나의 느낌을 아이들이 그대로 느낄 것이라 생각했기 때문이다. 나는 내가 무엇인가 잘했을 때에도 혹은 실패했을 때에도 나에게 노력했기에 충분하다고 말해주는 것에 참 감사했다.

반면 나는 자라면서 "잘~한다."라는 말이 제일 듣기 싫었다. 잘한다고 말씀하셨지만 그 뉘앙스는 전혀 잘하는 것이 아니었다. 오히려 비난하는 말이었다.

엄마가 하는 칭찬의 목적이 무엇인지 잘 생각해봐야 한다. 어떤 아이든 칭찬을 받는 것을 좋아한다. 칭찬을 받는 순간 기분이 좋아진다. 자신이 뭐든 할 수 있을 것 같다. 그리고 행복감을 느낀다. 그런데 엄마가 무분별하게 칭찬을 하게 되면 아이는 자신이 해야만 하는 일들도 칭찬을 받아야만 하는 결과를 가져올 수도 있다.

자신이 즐거워서 몰입하는 일은 누군가의 칭찬 없이도 계속한다. 내적 동기가 생기는 것 이다. 내적 동기는 아이의 내면에서 스스로를 칭찬하는 마음이 생기는 것이다. 이를 위해 엄마는 아이가 혼자 할 수 있는 것을 찾아주면 된다. 그리고 그 행동에 대해 구체적으로 칭찬하고 격려한다. 아이가 스스로 계속해서 하고 싶은 마음이 들게 하면 된다.

착한 아이 콤플렉스에 빠지지 않도록 구체적으로 칭찬한다

흔히 '잘한다.', '착하다.'라는 칭찬은 아이를 착한 아이 콤플렉스에 빠

지게 할 수 있다. 착한 아이이기 때문에 참아야 하고 착한 아이이기 때문에 못하는 일들이 많아지게 된다. 착한 것은 다른 사람에게 그 기준이 맞춰져 있다. 내가 이 행동을 할 때 다른 사람이 나를 어떻게 생각할까, 착하다고 생각할까를 걱정한다.

강한 아이는 착함을 걱정하지 않는다. 자신이 하고 싶은 일을 해 나간다. 여기서 말하는 강함은 힘이 센 것이 아니다. 내면이 단단하고 흔들리지 않으며 자존감이 높은 아이를 말하는 것이다. 우리는 착한 아이보다 강한 아이를 키워야 한다. 아이를 착한 아이로 키울 것인가 아니면 강한 아이로 키울 것인가?

착한 아이 콤플렉스를 가지고 있는 아이들은 자신이 하는 행동을 숨기려고 한다. 거짓말을 한다. 그리고 자신이 없다. 엄마가 혹은 주변 사람들이 나를 어떻게 생각할까 걱정하기 때문이다. 반면 강한 아이들은 내적 동기를 갖고 있다. 스스로 뭐든 해나가고 거짓이 없다.

칭찬은 아이에 대한 사랑 표현에 목적이 있다

나는 칭찬을 하는 다양한 방법을 떠나서 엄마들에게 참된 사랑을 갖고 아이를 대하기를 권한다. 단, 아이가 당연히 해야 하는 일에는 칭찬을 하지 않기를 바란다. 아이는 방을 치워야 한다. 당연하다. 당연한 일에는 칭찬을 하지 않는다.

당연한 일에 칭찬을 하면 아이는 칭찬을 받아야지만 그 일을 하게 된다. 엄마가 칭찬을 아끼고 신중하게 해야 하는 이유다. 칭찬을 하는 것은 조건부 사랑일수도 있다. 엄마가 의도를 갖고 아이를 칭찬하는 것은 아닌지 생각해봐야 한다.

아이가 어떤 특정한 행동을 해야지만 칭찬할 수 있는 것은 아니다. 아이에게 '너의 존재만으로도 감사해.', '너는 그냥 있어도 최고야.'라고 말해주자. 무조건적인 사랑이라는 측면에서 칭찬을 하되 하게 되면 그 아이의 노력을, 그리고 그 존재 자체를 칭찬하는 것이 중요하다.

칭찬은 고래를 춤추게 한다. 하지만 칭찬은 또 고래를 아프게 할 수 있다. 우리는 아이를 키우는 것이지 아이를 조련하는 것이 아니다. 내 아이를 춤추게 하는 것은 지극한 사랑과 아이에 대한 엄마의 충분한 관심이다. 엄마가 하는 칭찬은 아이에 대한 사랑의 표현이자 관심의 표현이어야 한다. 아이가 하는 행동이 아닌 아이 존재에 대해 감사하고 칭찬을 해보자. 아이는 칭찬받을 수 있고 칭찬의 역효과도 나타나지 않는다.

자존감은 칭찬을 먹고 자란다

잘해보려고 너만의 방법을 찾았구나.
처음 했는데 정말 잘하네.

04 공감의 말은 건강한 정서를 가진 아이로 자라게 한다

> 감정을 이해받지 못한 아이가 느끼는 충격은 큽니다.
> 그런 감정이 누구에게나 생길 수 있는 것이 아니라 자기가 나빠서,
> 이상해서 잘못된 감정을 느꼈다고 생각합니다.
> ― 조벽 외, 『내 아이를 위한 감정코칭』 중.

　사람들은 '소울메이트'라며 영혼이 통하는 사람을 찾고자 한다. 서로의 관심사가 비슷하고 느끼는 감정이 비슷한 사람과 친하게 지내고 싶어 한다. 서로 공통점을 갖고 있는 사람들은 대화가 잘 통한다. 대화는 상대방과 내 의견이 비슷할 경우 편안하게 계속된다. 그리고 자신의 생각에 공감하고 동조해주면 대화하기가 참 편안해진다. 위로받을 수 있고 이해받을 수 있다.

　"엄만 다 이해해."라는 말은 아이를 편안하게 만든다. 아이는 힘들 때, 슬플 때, 피곤할 때 공감을 받고 싶어 한다. 엄마가 나를 이해하고 위로

해주기를 바라는 아이들이 많다. 그리고 적절한 공감을 받은 아이들이 건강하게 살아간다.

아이의 입장에서 함께 그 상황을 느끼는 것이 공감이다

H는 체육시간에 피구를 하다가 남자아이들이 세게 던진 공에 맞았다. H는 아파서 울었다. 아이들은 우는 H에게 "괜찮아?"라고 물어봤다. H는 괜찮다고는 했지만 표정이 좋지는 않았다. 그리고 그 날 저녁 H는 부모님에게 그 일을 이야기했다.

"애들이 던진 피구 공을 맞아서 너무 아팠어요."

그 말이 끝나자마자 아이의 아버지는 "우리 딸한테 공을 맞춘 애가 누구야! 많이 아팠겠구나!"라며 아이와 함께 씩씩거려주었다. 아이는 아버지가 공감해주는 말에 위로를 받았다. 그러면서 그 순간 화났던 마음이 풀렸다고 이야기한다.

친구들의 위로와 아이의 아버지의 위로엔 어떤 차이가 있을까? 사실 H는 그 상황에서 아픈 것보다 분노가 더 컸다. 남자아이들이 던진 공에 맞아서 화가 난 것이다. 친구들은 H가 아파하는 것에 초점을 맞췄다. 하지만 H의 아버지는 아이가 느꼈을 분노에 초점을 맞춘 것이다.

아이의 입장에서 함께 그 상황을 느끼는 것이 공감이다. 아이가 화가 났을 때 같이 화를 내주고 슬퍼하면 같이 슬퍼하는 것이다. 중요한 것은

아이가 속상해하면 그 아이의 속상함을 그대로 표현해줘야 한다.

아이의 입장에서 이루어져야 한다는 것이다. 아이는 아주 사소한 것에도 삐치고 속상해한다. 어른의 눈으로 보기에 사소한 것이다. 하지만 아이에게는 세상 전부인 감정일 수 있다.

아이가 속상해하면 그 아이의 속상함을 그대로 표현해줘야 한다. 그런데 여기에도 부모의 요령이 필요하다. 아이의 감정 중에 어디에 중점을 맞춰야 하는지를 파악해야 한다. 아이의 말에서 공감 키워드를 찾아야 한다.

A는 친구들과 다툼 때문에 괴로웠다. A는 할머니에게 친구와 다툰 것을 이야기했다. 할머니는 '힘들었구나.'라고 공감을 해주셨다고 한다. 그리고 그 뒤에 친구들과 어떻게 지내야 하는지 '조언'을 해주셨다고 한다.

아이들은 여러 가지에서 상처를 입는다. 친구가 아무 생각 없이 놀린 말에도 상처를 받는다. 아이들이 부모에게 그 이야기를 하는 것은 위로 받고 싶기 때문이다. 부모는 아이가 잘 크기를 바라는 마음에 이것저것 가르치려 한다. 하지만 A의 할머니처럼 아이의 기분을 먼저 보듬어주는 것이 중요하다. 해결 방법을 알려주는 것은 아이가 충분히 자신의 감정을 이해받고 위로받았다고 느낀 이후에 하면 된다. 그래도 늦지 않다.

남편은 공감 대화와 관련된 연수를 받고 와서 나에게 공감 대화를 시도했다. 내가 무슨 말을 해도 "그렇구나."라고 이야기했다. 나는 남편의 의도에 감사했다. 하지만 진짜 공감받는다고 느끼지 못했다. 그저 '아 남편이 나를 위해 노력하는구나.'라고 생각했고 그것에 감사했다.

학교에서 아이들을 가르치다 보면 정말 저 아이는 영혼이 건강한 아이다라는 느낌이 든다. 역시나 그 부모님을 만나보면 아이만큼 건강하다. 그리고 그 부모는 내가 전하는 이야기를 들을 때 맞장구를 치며 들어준다. 공감하는 대화를 하는 것이다.

하지만 엄마의 상투적인 공감을 받으면 아이는 엄마와 대화가 안 된다고 생각한다. 아이들은 민감하다. 그리고 우리 엄마는 대화가 안 통하는 엄마라고 단정 지어버린다. 엄마들은 상담을 와서 아이들이 집에서 너무 대화를 안 한다고 하소연을 한다.

"도대체 무슨 생각을 하고 있는지, 아이가 집에서는 말을 안 해요."

만약 이런 엄마들은 평소 어떻게 공감을 했는지 살펴봐야 한다. 공감은커녕 아이가 말할 때마다 아이의 잘못만 이야기한 것은 아닌지 생각해야 한다. 그리고 공감의 말을 했을 때에도 그 아이의 말을 진심으로 들어줬는지 살펴봐야 한다.

엄마가 아이를 공감할 수 있는 준비가 필요하다

엄마도 사람이다. 엄마 스스로 스트레스와 복잡한 감정을 갖고 있다면 아이를 공감해주기 어렵다. 엄마 스스로 아이를 공감할 수 있는 준비가 필요하다. 엄마 마음에 여유를 두어야 한다. 여유가 있으면 아이의 감정도 잘 보이고 받아줄 수 있다.

엄마들을 너무 많은 짐을 지고 있다. 엄마로서 최선을 다해야 하고 집안일도 완벽해야 한다고 생각한다. 그리고 일을 하는 엄마라면 직장에서도 최고의 성과를 보여줘야 한다는 부담감을 갖고 있다. 엄마가 슈퍼우먼이 아님에도 그렇게 살아가려고 애쓰고 있다.

나 역시 그랬다. 아이를 키우며 집안일에 완벽해야 한다고 생각했다. 아이가 자는 틈을 타 집안일을 시작했고 청소, 빨래, 설거지 등을 다 끝내고 이제 좀 쉬어야겠다 하면 아이가 깼다. 그럼 다시 육아가 시작되는 것이었다.

일을 하기 시작하면서는 시부모님의 도움을 받았다. 그럼에도 불구하고 나는 나 스스로 완벽해야 한다는 의식 속에서 나를 지치게 했다. 매일 새벽에 일어나서 아이의 어린이집 준비, 그리고 집안일 등을 해놓고 출근을 했다. 하지만 그래도 마음은 늘 무겁고 죄송했다. 나는 나를 계속해서 다그쳤다. 내가 힘들 때 아이들이 사소할 실수를 해도 더 크게 화를 냈고 아이가 말하는 것이 제대로 들리지 않았다. 나는 내가 쉬어야 함을 느꼈다.

아이는 엄마를 행복하게 해주려 한다.
그런데 엄마가 불행하다면 아이는 괴로워한다.

"도움받을 수 있으면 당당하게 도움을 받으세요. 엄마도 사람입니다."

나는 일을 시작하는 엄마들을 만나면 그녀들에게 말한다. 엄마들도 이제 당당히 육아 퇴근을 선포하자. 엄마도 쉬어야 한다. 나는 엄마가 먼저 쉬고 엄마만의 시간을 갖고 나서 아이를 대하면 훨씬 편안해진다. 나를 위해서 내 아이를 위해서 엄마들이 혼자 있을 시간을 만들어야 한다.

나만의 시간을 만드는 것은 사실 어려운 것이 아니다. 나는 아이들이 잠들고 난 뒤에 한 시간 정도 나를 위한 시간을 보냈다. 그리고 아이들과 남편이 다 잠들어 있는 새벽에 한 시간 정도 일찍 일어나 나 혼자만의 시간을 보냈다. 더 지칠 것 같지만 오히려 나를 위한 시간을 내고 나니 더 여유가 있었다. 내가 나 혼자만의 시간을 보내며 내 마음이 정리가 되고 더 긍정적으로 바뀌었다. 여유가 생기니 아이들과도 더 잘 놀아주고 아이들을 더 많이 웃게 할 수 있었다. 제일 중요한 것은 엄마 자신이다. 엄마도 위로 받아야 한다. 엄마가 행복할 때 아이를 행복한 아이로 키울 수 있다. 아이보다 엄마인 '나' 스스로가 먼저다.

아이는 엄마를 행복하게 해주려 한다. 그런데 엄마가 불행하다면 아이는 괴로워한다. 그리고 엄마의 기분을 맞춰주기 위해 에너지를 쓴다. 아이도 지쳐간다. 엄마가 이미 행복하다면 아이는 노력하는데 에너지를 쓸 필요가 없다. 더 나아가 행복한 엄마는 행복한 마음으로 아이를 공감해줄 수 있다. 그러면 아이는 엄마의 공감으로부터 위로와 안정을 느낀다. 정서적으로 건강한 아이로 자라게 된다.

당신의 아이는 어떤 아이인가? 그리고 당신의 지금 모습은 어떠한가?

피노키오에게는 제페토 할아버지가 계셨다. 어떤 문제 행동을 하더라도 할아버지는 늘 여유로운 미소로 피노키오를 용서하셨다. 그리고 피노키오의 말을 들어주셨다. 아이가 문제 행동을 하고 말을 안 들어서 힘이 든가? 엄마가 스스로를 행복하게 하여 아이에게 영원한 편을 들어줄 수 있는 제페토 할아버지가 되어보자. 아이는 엄마의 공감에 힘입어 언젠가는 반드시 정서적으로 건강한 모습으로 자라게 될 것이다.

아이를 받아들여라

엄만 다 이해해, 사랑해.
힘들었겠구나. 엄마랑 이야기해볼래?

05 아이의 자존감을 높이는 말 습관을 가져라

자녀교육의 핵심은 지식을 넓히는 데 있는 것이 아니라
자존감을 높이는 데에 있다.
–레프 톨스토이

부모는 아이에게 용기와 지혜를 전해줄 수 있다

최근 아이를 집에 방치하여 목숨을 잃게 한 사건들이 뉴스에 나온다. 참으로 안타깝다. 아이는 주위에 돌봐주는 사람이 없으면 정말 짧은 시간에도 생명을 잃을 수 있다. 아이가 성장할 때에는 혼자서 절대 살아갈 수 없다. 사실은 이 세상에 혼자 살아갈 수 있는 사람이 없다. 특히 아이는 부모에게 모든 것을 의존해야 살아갈 수 있다.

아이가 어느 정도 자라면 신체적으로는 부모에게 의존하지 않게 된다. 혼자 옷을 입고 생활하는 것이 가능하다. 하지만 정신적으로는 아이가 평생 계속해서 영향을 받는다. 사춘기가 지나고 성인이 될 때까지 아이의 영혼은 계속해서 성장한다. 그 과정에서 엄마의 말과 태도는 아이에게 큰 영향을 미친다.

아이의 곁에서 아이가 힘이 들 때 용기와 지혜를 주는 사람이 있어야 한다. 아이보다 인생을 먼저 살아가고 있는 부모는 아이에게 용기와 지혜를 전해줄 수 있다. 인생을 살면서 단 한 사람만 그 아이에게 온전한 믿음과 사랑을 준다면 그 아이는 시련 속에서도 금방 회복할 수 있다. 회복 탄력성이 높은 것이다.

인생에서 시련을 겪어보지 않은 사람이 있을까? 크고 작은 아픔들이 늘 존재한다. 그리고 그 아픔을 겪어내는 것이 인간으로 성숙해지는 길이다. 시련 속에서도 금방 포기하지 않는 아이로 기르려면 아이의 자존감을 높여줘야 한다. 스스로에 대한 강한 믿음이 있는 아이는 쉽게 포기하지 않는다.

긍정의 시선으로 바라보면 아이에 대한 긍정의 말이 나온다

아이의 자존감을 높이는 말 습관은 아이에게 엄마인 나를 먼저 완성시키면 아이들은 자연스럽게 따라온다. 엄마의 긍정 기운을 받기 때문이다. 아이들은 순수하다. 그렇기 때문에 엄마의 모든 것을 느낀다.

아이는 모든 가능성을 품고 있다. 그러나 부모의 부정적인 평가는 말한 마디에 아이는 좌절한다. 유독 장난꾸러기 아이들 부모에게 나는 아이의 잘하는 점을 강조한다. 그 아이는 부모로부터 많은 비난을 받으며 자라왔을 것이기 때문이다. 그 부모가 나를 찾아오면 "정말 훌륭합니다. 아이의 미래가 기대가 됩니다."라고 말한다. 그러면 그 부모는 "우리 아이가 그런가요? 집에서는 몰랐어요. 그런 말을 처음 들어봐요."한다.

그 아이의 부모는 아이를 다르게 볼 것이다. 못하는 아이에서 가능성 있는 아이가 된다. 아이는 이제 가능성 속에서 살아간다. 엄마가 아이의 행동을 볼 때 "쟤가 크게 되려고 그래."라고 생각하기 때문이다.

감사일기로 긍정의 힘을 기른다

나는 출산을 하고 아이를 키우며 "아이 때문에 힘들어서 못해요."라는 말을 참 많이 했다. 아이 때문에 못하는 것들이 많아졌다는 생각만 했다. 나의 자존감이 낮으니 용기 있게 도전하지 못했다. 이런 나의 마음을 바꿔준 것은 감사일기다. 감사하다는 말에는 힘이 있다. 감사하다고 말을 하면 내 마음이 긍정적으로 변화했다. 그리고 내가 사용하는 말에도 긍정적이고 희망적인 단어들이 많아졌다.

나는 감사일기를 쓰며 나뿐만 아니라 내가 만났던 자존감이 낮은 아이들에게도 감사일기를 쓰게 했다. 자신에게 감사하고 자신의 주변 환경에 감사하기 시작했다. 감사일기를 쓰며 그 아이들의 마음이 부정적이고 좌절한 상태에서 긍정적이고 희망을 찾아가기 시작했다.

엄마와 아이가 함께 감사일기를 쓰고 서로 읽어보는 것이 좋다. 서로에 대해 좀 더 이해하게 된다. 글에는 힘이 있다. 평소 말하지 못한 감사한 표현도 자연스럽게 할 수 있다. 엄마와 아이가 서로 감사일기를 보며 서로의 자존감을 높여주는 상호 작용을 하게 된다.

아이들과 감사일기를 쓰는 방법은 간단하다. 하루에 한 줄씩만 감사할 것을 찾으면 된다. 그 구체적인 방법은 다음과 같다.

첫째, 무엇이든 감사한다. 모든 것에 감사하는 마음을 갖는다. 생각해보면 내가 갖고 있는 것들이 이미 많다. 글을 쓸 수 있는 손, 숨을 쉴 수 있는 코, 폐 등등 모든 내 신체에 감사한다. 그리고 나의 소중한 가족이 건강함에 감사한다. 나, 가족, 주변, 자연환경, 사회, 물건 등등 주변의 작은 것들에 감사하는 마음을 갖는다.

둘째, '때문에'를 '덕분에'로 고쳐서 생각한다. 감사의 마음은 '덕분에'라고 생각하는 순간 더 커진다. '아이 덕분에 세상을 희망적으로 바라볼 수 있습니다. 감사합니다.'라고 한 학부모가 적었다. 그리고 그 아래 아이는 '부모님이 계셔서 감사합니다. 늘 잘 다녀오라고 말씀해주셔서 감사합니다. 부모님 덕분에 행복합니다. 감사합니다.'라고 적었다. 부모와 아이는 서로의 감사 글을 보며 점차 감사를 전하는 말을 주고받기 시작했다.

셋째, 이미 이루어진 것처럼 감사한다. 아이와 관계가 안 좋아서 괴롭더라도 이미 내가 원하는 화목한 관계가 이루어진 것처럼 감사를 적는다. 그리고 '아이의 자존감이 높아져 바르게 성장함에 감사합니다.'라고 적으면 정말 그런 시선으로 아이를 바라보게 된다. 그리고 엄마의 시선에 의해 아이가 바르게 자란다.

구체적으로 이야기하면 아이의 자존감이 높아진다

엄마는 모호하게 말하면서 아이가 즉각 행동하기를 바란다. "가서 저거 좀 가져다줄래?" 라고 말한다. 어디에 가서인가. 저거는 무엇인가. 아이는 어리둥절하다. 그리고 좀 이따가 엄마가 "빨리 안 가져오고 뭐해." 라고 한다. 도대체 무엇을 가져와야 하는 것인지 혼란스럽다. 그 순간 엄마가 와서 "어유. 이것도 못 찾니?" 한다. 엄마 손에 들려 있는 것을 보고 나서야 "아~"하고 알게 된다.

엄마는 아이에게 좀 더 구체적으로 말해줘야 한다. 사투리를 쓰는 할머니가 "가가 거시기 가가 그랬어유~." 이러면 다른 할머니들은 "아~ 갸가 거시기 가가 그랬구먼~." 한다. 옆에서 듣는 나는 도대체 무슨 말씀이신지 알 수가 없다.

내가 지금 아이에게 그런 식으로 말하고 있는지 살펴봐야 한다. 아이에게 부탁을 하려면 "TV 옆에 보면 기저귀가 있을 거야. 엄마는 지금 기

아이에게 무엇인가 말을 할 때에는 보다 구체적으로 이야기해야 한다.

저귀가 필요한데 가져다줄 수 있니?" 아이는 총알같이 달려가서 기저귀를 가져온다. 무엇인지, 어디에 있는지 확실하게 알고 있으니 바로 행동하는 것이다. 엄마는 "고마워."라고 말한다. 아이는 엄마를 도왔다는 것과 사랑하는 엄마가 나에게 고맙다고 이야기해준 것에 성취감을 느낀다.

아이에게 무엇인가 말을 할 때에는 보다 구체적으로 이야기해야 한다. 아이의 발달 과정에서 아직 구체적이지 않은 내용을 이해하기 힘들기 때문이다. 엄마는 정확하고 구체적인 표현을 사용해야 한다.

성공하는 운동선수의 뒤에는 훌륭한 감독이 있다. 2002년 월드컵 당시 히딩크 감독이 있어서 우리나라 축구 국가대표 팀이 4강에 진출할 수 있었던 것이다. 그 감독이 실제로 경기를 하지는 않지만 선수가 잘할 수 있도록 돕는 조력자의 역할을 한다.

아이의 훌륭한 조력자는 엄마다. 아이가 스스로의 삶에서 자존감 높은 사람으로 자랄 수 있도록 엄마가 도와야 한다. 엄마가 옆에서 "넌 자존감이 높은 아이야. 넌 최고야."라고 말해주고 스스로도 자신이 최고라고 느끼도록 해야 한다. 엄마의 말에서 시작되지만 결국엔 자기 스스로 자신이 가치 있는 사람이라고 생각하고 느끼는 게 중요하다. 아이와 일상생활에서 하는 대화나 상호작용 속에서 아이가 스스로 최고라고 느낄 수 있는 말을 아이에게 해주자.

긍정이 자존감을 높인다

이번 시험은 못봤지만 노력해서 잘해보자.
한 번 더 해봐. 한 발짝 더 가면 돼.

06 아이의 말에 경청할 때 아이의 자존감이 자란다

부모는 정중하고 친절하게 아이와 교류할 수 있는 능력이 있어야 한다.
– 존 로크

아이의 말을 들어줄 때 아이의 자존감이 높아진다

SBS에서 반영된 〈영재발굴단〉에 화학 원소와 원자에 관해 해박한 영
재 희웅이가 나왔다. 희웅이는 영재 검사 결과 언어이해 능력, 지각능력,
작업 기억이 모두 상위 1% 미만으로 8살의 나이에 고등학생이 배울 법한
화학 관련 내용을 정확하게 이야기한다.

그의 부모는 청각장애가 있는 분들이었다. 그들은 아이의 말을 집중하
지 않으면 들을 수 없었다. 아이의 입 모양을 보기 위해 아이의 말에 최

대한 집중하였다. 그리고 아이에 대한 애정과 미안함으로 아이가 무슨 말을 하든 옆에서 끝까지 지켜봐주고 들어주었다.

나는 그의 부모님의 태도가 희웅이를 안정된 환경에서 배움에 몰입할 수 있는 환경을 만들어주었다고 생각한다. 아이가 하는 이야기를 경청하여 들어주는 태도는 아이에게 안정적인 환경을 만들어준다.

자신의 말에 집중하여 들어주는 부모의 태도에 희웅이는 더욱 신이 나서 자신이 알고 있는 모든 것들을 말했을 것이다. 학습에 방법 중에 다른 사람에게 설명하기는 학습의 효과가 가장 크다고 한다. 희웅이는 일상생활 속에서 가장 학습 효과가 큰 방법을 실천하고 있었던 것이다. 그리고 이 과정들이 아이의 영재성을 길러주었을 것이다.

또한 희웅이의 엄마는 그냥 듣고만 있지 않았다. 들으면서 최대한 반응해주려 노력했다. 고개를 끄덕이거나 "그렇구나." 하고 대답을 해준다. 자신의 이야기를 들어주는 사람 앞에서 아이는 더욱 더 편안하게 말을 할 수 있다. 그리고 말을 잘할 수 있다. 아이는 부모에게서 인정을 받으며 아이의 성격은 밝아지고 자존감은 높아진다.

말하기보다 더 중요한 것은 듣기다. 다른 사람의 말을 끝까지 듣는 것이 중요하다. 의사소통의 기본은 경청傾聽이다. 경청은 귀 기울여 듣기다. 의사소통하는 중에 상대방에 대한 예의의 표현이고 존중의 태도이다.

내 아이에게만 집중하는 시간 15분!

퇴근 후 아이들과 함께 집에 와서 정리를 하고 있는데 아이가 저 멀리서 "엄마!" 하고 부른다. "엄마!"라고 부르는 말에 즉각 대답을 안 하면 조금 후에 더 큰 목소리로 "엄마~!" 하고 부른다.

이때는 열 일 다 제쳐두고 아이에게 달려가야 한다. "잠깐만~" 하고 이야기해도 아이는 기다려주지 않는다. 엄마가 필요한 순간이기 때문이다. 서둘러 달려가보면 아이는 나를 바라보고 있다. 그 눈빛으로 나와 대화를 나누기를 원한다고 말한다.

아이는 나에게 오늘 있었던 이야기를 시작한다. 요새는 말끝마다 "그치~"라며 나의 동의를 구한다. 나는 그런 아이의 모습이 귀엽고 사랑스럽다. 그 모습이 좀 더 보고 싶어 아이에게 다가간다. 그러면 아이는 신이 나서 이야기하기 시작한다. 친구와 놀았던 이야기, 간식 먹은 이야기 등등 까르륵 넘어가며 이야기를 한다.

워킹맘으로 살면서 아이와 오래 마주보고 있을 시간은 얼마 되지 않는다. 적은 시간이지만 아이와 보내는 그 시간을 의미 있게 보내면 된다. 하루 15분간 아이와 집중해서 상호작용을 한다면 아이의 정서발달에 큰 문제가 없다고 이야기한다. 실제로 내가 우리 아이들을 키워보면 정말 밀도 있게 아이와 놀아주면 아이는 엄마와 떨어져 있던 시간을 보상받는 듯 했다.

그러니 아이가 부르면 집안일이 밀려 있어도 먼저 아이와 이야기를 나눠야 한다. 15분은 사실 길지 않다. 아이가 이야기하는 것만 잘 들어주고 사랑을 표현해주다 보면 금방 지나간다. 그 이후에 각자의 시간을 보내면 된다.

아이의 이야기를 끝까지 들어주는 것이 중요하다

아이의 이야기를 끝까지 들어본 적이 있는가? 사실 아이의 말을 듣다 보면 두서없이 이야기가 전개되는 경우가 많다. 그럼에도 불구하고 엄마는 끝까지 아이의 이야기를 들어줘야 한다. 중간에 지루하다고 하품을 하거나 핸드폰을 보는 것은 안 된다. 아이는 자신의 이야기를 무시하고 있다고 생각한다.

경청은 말하는 사람의 눈을 보면서 듣는 것이다. 그 사람의 눈을 보기 어려우면 눈과 눈 사이 미간을 보라고 한다. 그럼 말하는 사람은 자신을 바라봐준다고 생각한다. 그리고 말을 듣는 중간 중간마다 "그랬구나.", "정말?", "그래서 어떻게 되었어?"라고 물어봐준다. 일종의 추임새를 넣어주는 것이다.

경청을 할 때에는 끝까지 들어주는 것이 중요하다. 아이가 말을 다 마치고 나면 잠깐 틈이 생긴다. 그 틈이 생길 때까지 기다려야 한다. 아이가 옹알이를 할 때에도 옹알이 사이에 틈이 있다. 그 때 엄마가 이야기를 해주면 아이는 그 이야기를 듣고 또 다른 옹알이를 한다.

아이와 대화를 할 때도 아이가 이야기를 다 마치고 잠깐 틈을 줄 때까지 기다렸다가 엄마의 이야기를 시작한다. 그때에 아이는 충분히 말했기 때문에 무슨 이야기든 들을 준비가 되어 있다.

미국의 하버드대학교 교수였던 폴 틸리히는 '사랑의 첫 번째 임무는 상대방의 말을 잘 들어주는 것이다.'라고 말했다. 아이에게 사랑을 표현하고자 한다면 그 이야기가 어떤 이야기건 중간에 끊지 않고 잘 들어줘야 한다. 내 이야기를 끝까지 잘 마쳤을 때 아이는 사랑받는다고 생각하고 자신이 엄마로부터 존중받는 아이라고 생각한다. 그리고 그 마음이 아이의 자존감을 향상시켜준다.

들어주는 사람에게서 따뜻한 위로를 얻는다

나는 엄마로서 살면서 육아 방법을 몰라 우왕좌왕했다. 그리고 혼자 있는 순간이 외로워서 힘든 순간이 많았다. 그럴 때면 나는 조언을 구하러 주위의 엄마들에게 연락을 한다. 주위에 알고 지내는 엄마들이나 친구들 중에 나는 내 이야기를 온전히 잘 들어주는 사람에게 연락을 한다.

육아 선배로 냉철하게 육아의 방법을 제시하는 사람보다는 따뜻한 미소로 '그동안 힘들었겠다.'라는 표정으로 내 이야기를 잘 들어주는 사람과 내 힘든 이야기를 나누고 싶다. 따뜻한 미소와 관심에 마음이 편안해지기 때문이다.

내 이야기를 온전히 들어주는 사람과 이야기를 나누고 오면 나는 마음이 따뜻해진다. 위로를 받고 오는 것이다. 내 이야기를 들어준 사람이 특별한 조언을 하지 않아도 좋았다. 사실 말하면서 내 이야기 속에 해결책이 있는 경우가 많았기 때문이다.

오히려 내가 내 이야기를 하고 있는데 중간에 끊고 자신의 경험으로 조언을 하는 사람들은 대화하기 꺼려진다. 나를 위해 조언을 해주는 것은 알겠지만 지금 나에게 필요한 것은 그저 들어주는 것이다. 내 이야기를 잘 들어주는 것은 공감의 시작이다.

아이들도 엄마에게 자신이 힘들었던 이야기를 하는 이유는 사랑과 관심을 받고 위로를 얻기 위해서다. 가만히 미소를 지으며 들어주는 것만으로 아이는 큰 위로를 얻는다. 아이 쪽으로 몸을 기울이고 들어주는 것만으로도 아이는 성장한다.

아이와 눈을 맞추는 것으로도 뇌가 발달한다고 한다. 그만큼 아이를 사랑의 마음으로 바라봐주고 들어주고 하는 것은 중요하다. 아이를 이해할 때 아이를 더 사랑할 수 있다. 내 아이가 하는 말을 잘 들으면 아이를 이해할 수 있는 폭이 넓어진다. 잘 들어주는 것이 사랑의 시작이다.

아이의 행동이 서툴러 조급한 마음에 이런저런 조언을 하는 경우가 있다. 그러나 아이의 이야기를 들어주지 않고 하는 말은 아이의 마음속에서 그 조언들이 거울에 반사되듯 튕겨져 나온다. 부모가 진정으로 아이를 위한다면 아이의 말에 경청해야 한다.

아이의 자존감을 높여주는 엄마의 한 마디 21

아이에게 집중할 때 자존감이 자란다

오늘 그런 일이 있었구나.
정말? 그래서 어떻게 됐어?

07 질문을 통해 아이의 욕구를 파악하라

얼굴이 계속 햇빛을 향하도록 하라.
그러면 당신의 그림자를 볼 수 없다.
- 헬렌 켈러

2010년 서울에서 열린 G20 폐막식에서 오바마 대통령의 연설이 끝난 후 기자들과 질문이 오고 갔다. 오바마 대통령은 마지막 질문의 기회를 개최국인 우리나라에 주었다. 하지만 우리나라 기자들은 그 누구도 질문을 하지 못했다. 기다리던 중국의 기자가 자신이 질문을 해도 되냐고 물어볼 정도였다.

우리의 교육은 그동안 대답하는 것에만 초점을 맞춰왔다. 자신의 생각을 정리해서 질문하는 것을 중요하게 생각하지 못했다. 이제야 교육 현장에서 하브루타 학습법 등을 적용하고 있다. 질문하는 것의 중요성을 알게 되었기 때문이다.

관심을 가지면 질문은 저절로 떠오른다.
"무엇을 좋아하세요?"
"어렸을 때 꿈은 뭐였어요?"
"앞으로는 어떻게 살고 싶어요?"

소개팅을 할 때 관심이 있는 상대에게 더 많은 질문을 한다. 남편과 나는 소개팅으로 만났다. 나는 남편과 처음 만난 순간부터 서로의 꿈에 대해 이야기를 나누었었다. 그리고 대화를 나누면서 점점 남편에 대해 궁금한 것이 많아졌다. 나는 남편과 만난 순간 함께 부부로 살아가는 미래를 꿈꾸었던 것 같다. 그리고 그 생각은 앞으로의 꿈은 무엇인지, 어떻게 자라왔는지, 시간이 지날수록 남편에게 질문할 것들이 더 많아졌다.

질문은 대화로 이어진다. 질문은 상대방에 대한 관심이 있을 때 할 수 있다. 궁금한 것이 생겨야 질문하기 때문이다. 그리고 그 질문을 통해서 상대에 대해 더 잘 알게 된다. 서로 질문을 주고받으며 대화는 더 깊어진다. 상대방이 어떤 생각을 하는지 알게 된다. 또 질문을 하면서 내 생각을 정리할 수도 있다.

엄마는 뻔한 질문보다는 아이의 생각을 물어보는 질문을 해야 한다.
그리고 재미있는 질문을 해야 한다.

엄마는 이미 질문 전문가다

아이를 낳아 키우는 엄마는 이미 최고의 질문 전문가다. 아이가 세상에 태어나서부터 엄마는 아이에게 끊임없이 질문을 해왔다. 엄마 스스로 자신감을 가지길 바란다. 지금처럼 아이들에게 질문하면 된다.

한 학부모가 상담을 오는데 질문을 종이에 적어왔다. 아이에 대해 궁금한 것이 참 많았다. 그 전에 많은 상담을 했지만 질문을 종이에 적어온 사람을 못 봤다. 나는 그 엄마의 열정을 높이 산다.

"선생님, 질문할 내용을 잊어버릴까봐 질문을 적어왔어요."라고 수줍게 말씀하셨지만 그 질문들은 아이를 파악하는 데 그리고 아이를 키우는 데 정말 필요한 질문들이었다.

그 엄마의 질문은 아이의 상황을 정확하게 판단하고 있었다. 사실 엄마들은 대부분 아이에 대해 정확하게 파악하고 있다. 다만 그 해결 방법을 잘 모르기 때문에 아이와 씨름을 한다. 그 엄마가 적은 질문은 다음과 같다.

- 아이와 어떻게 대화를 시작해야 할까요?
- 아이의 학습을 어떻게 도와줘야 할까요?
- 왜 아이는 저에게 잘 말하지 않을까요?

– 아이의 친구관계는 어떤가요?

– 아이의 학교생활은 어떤가요?

– 전 어떻게 아이를 키워야 할까요?

나는 하나씩 대답을 해주었다. 그리고 평소에 아이에게 어떤 질문을 하는지 물어보았다.

평소에 아이에게 이런 질문을 했다고 했다.

"학교 잘 다녀왔어?"

"네."

"재미있었어?"

"네"

아이에게 하는 질문이 다 단답형의 대화로 끝날 질문들이었다. 엄마가 하는 질문이 아이와의 대화를 시작할 수 있는 중요한 마중물이다. 과거에 물을 끌어올릴 때 물이 잘 끌어올려지라고 미리 한 바가지의 물을 넣었다고 한다. 그 물을 '마중물'이라고 한다. 아이와 대화를 잘하기 위해선 엄마가 아이에게 질문을 잘 하는 것이 필요하다. 대화의 물꼬를 틔워주기 때문이다.

아이의 생각을 물어보는 질문을 해야 한다

엄마는 뻔한 질문보다는 아이의 생각을 물어보는 질문을 해야 한다. 그리고 재미있는 질문을 해야 한다. 그러나 어렵게 생각할 필요는 없다. 아이는 수준 높은 질문을 원하는 것이 아니다. 아이와 눈높이를 맞춰 쉽고 아이가 자신을 생각해볼 수 있는 질문을 던져보자.

"오늘 학교에서 어땠어?"
"친구와는 어떤 대화를 나누었어?"
"요즘 네가 관심 있는 건 어떤 거야?"

이런 질문에 아이들은 자신의 이야기를 시작한다. 그리고 엄마는 그 이야기를 통해서 아이를 알아갈 수 있다. 아이의 학교생활이 어떠한지. 친구관계는 어떤지. 그리고 아이에게 지금 가장 필요한 것이 무엇인지 파악할 수 있다. 나에게 질문할 것을 종이에 적어 온 부모님의 아이는 사실 학교에 적응하지 못해 힘들어했다. 하지만 학기 말에는 친구들도 많이 생기고 학교생활에도 적극적으로 변했다. 학년이 올라가면서 아이는 점점 더 자신의 능력을 보여주기 시작했다.

강연을 할 때 지금 이 자리에 있는 사람들의 요구가 무엇인지 알아보는 가장 좋은 방법은 물어보는 것이다. 청중들에게 질문을 하면 대답하기 위해 생각을 한다. 그리고 그 과정에서 자신의 생각이 정리가 된다.

"왜 이 자리에 오셨나요?"

"아이를 잘 키우는 방법을 배우고 싶어서요."

질문을 해야 답을 들을 수 있다. 아무 질문이나 하면 안 된다. 초점이 있는 질문을 해야 하고 원하는 대답을 위한 질문을 해야 한다. 그럼 나는 그 강연에서 아이를 잘 키우는 방법에 초점을 맞춰서 이야기해나간다.

아이들이 지금 무슨 생각을 하고 있는지 궁금하다면 아이에게 질문하면 된다. 아이에게 지금 아이가 필요한 것이 무엇인지 물어보면 아이의 대답 안에는 바라는 점이 항상 들어 있다.

나는 아이들에게 더 웃기게 질문을 한다. 아이들은 내 말을 듣고 웃는다. 웃음은 마법과 같다. 아무리 힘들어하는 상황에서라도 한바탕 웃고 나면 모든 것이 해결된다. 아이들도 마음을 열고 자신의 이야기를 더 잘한다.

나는 아이들의 이야기를 들어주다 수업시간이 끝나는 경우가 많다. 아이들이 어떨 때 말을 많이 할까? 자신의 이야기를 하고 싶은 질문을 만났을 때이다. 아이의 욕구를 파악하는 질문을 통해 아이가 바라는 것을 알고 그 바라는 점에 맞춰주는 엄마가 되어보자. 아이는 신나게 생활할 수 있다.

아이의 자존감을 높여주는 엄마의 한 마디 22

생각할 수 있는 질문을 하라

영화 주인공이 너라면 어떻게 했겠니?

이 책에 나오는 사람이 이렇게 말한 이유는 뭘까?

08 엄마에게 듣는 존중의 말이 자존감을 높인다

스스로 자신을 존경하면
다른 사람도 그대를 존경할 것이니라.
－공자

건강한 부부관계가 자존감 높은 아이를 키운다

가족들과 함께 남산에 갔다가 한 부부를 보았다. 딸로 보이는 여자 아이 앞에서 엄마가 남편을 아들 혼내듯이 혼내고 있었다. "지금 너 때문에 여기까지 걸어왔잖아." 남편은 아무 말도 못했다. "저기까지 언제 또 내려갔다와. 이게 뭐야!" 하고 소리쳤다.

나는 안타까웠다. 아내가 남편을 '너'라고 이야기하는 것에 놀랐다. 그리고 '부인이 남편을 존중하지 못하는데 아이는 존중할 수 있을까?' 의구

심이 들었다. 더 나아가 '그 아이가 자라서 부모를 존중할 수 있을까?' 생각했다.

나는 산후우울증 때문에 생긴 자살 충동으로 창문을 열었던 적이 있었다. 그러나 이내 아이들의 얼굴이 떠올라 문을 닫고 펑펑 울었다. 나는 연년생 아이 둘을 낳고 시부모님께 아이들의 육아를 도와달라고 부탁드렸다. 시부모님께서는 흔쾌히 고향 집을 정리하시고 우리 부부를 도와주시기 위해 이사를 오셨다.

우리 부부는 결혼 전에도 그랬고 신혼 때도 잘 다투지 않았다. 그런데 시부모님을 모시고 살면서 나의 어린 시절 상처들이 그대로 드러났다. 시부모님은 정말 사랑과 희생으로 우리를 도와주셨다. 그러나 내가 만들어놓은 의식 속에서 스스로 힘들어했다. 그리고 나 스스로 시부모님과 갈등을 일으키고 있었다.

시부모님은 우리를 도와주러 내려오신 것이고 우리 부부의 요청으로 오신 것이었다. 그럼에도 불구하고 나는 남편도 엄마도 시부모님도 세상에 내 편은 없다고 느꼈다. 모든 갈등이 나로부터 시작되는 것 같았다. 지금 생각해보면 우울증을 겪었기 때문에 당연히 힘들었던 것 같지만 그 당시에는 가족관계가 날이 갈수록 악화되었다.

하루는 아이에게 물을 주다가 "이게 뭐야! 그만 마셔!"라고 버럭 화를 낸 적이 있다. 남편과 다툰 후였다. 아이는 깜짝 놀라 나를 쳐다봤다. 그리고 이내 울음을 터뜨렸다. 울며 아빠를 찾아 간 아이를 보는 그때에도 잔뜩 화가 나 있었다. 나의 감정이 불안정하니 아이에게 버럭 소리치는 날이 많아졌다. 남편에게도 말을 함부로 했다.

이래서는 안 된다는 생각이 들었다. 나는 아이를 내가 자란 것처럼 키우면 안 된다고 생각했다. 내가 자란 것처럼 불안하게 자란다니 그럴 수는 없었다. 그리고 남편과 계속 다투는 것에 지쳤다. 서로에게 너무 큰 상처를 주고 있었기 때문이다. 나는 남편을 진심으로 존중해야겠다는 마음을 가졌다. 그런데 아무리 해도 남편을 존중하는 마음이 쉽게 들지 않았다. 남편의 미운 모습들만 보였었다.

엄마 마음이 해결되어야 존중하는 부부관계를 만들 수 있다

그때 나는 노구치 요시노리의 『거울의 법칙』이라는 책을 읽게 되었다. 나와 남편의 문제는 지금의 문제로 시작된 것이 아니었다. 내가 아버지에게 갖고 있던 미움의 감정이 남편을 존중할 수 없게 만든 것이었다.

내 모든 문제의 시작은 아버지를 미워하는 마음에서 출발하였다. 아버지와의 관계가 우선 회복되어야 했다. 내 안에서 아버지를 미워하는 부정적인 마음을 해결해야 남편과의 관계가 좋아질 수 있었다. 가족 관계도 좋아졌다.

나는 다음과 같은 방법으로 나와 아버지와의 관계를 해결했다.

처음에는 아버지에게 분노했던 일을 적었다. 공책 몇 장이 그냥 넘어갔다. 아버지가 술을 마시고 했던 폭행들, 나에게 상처 주었던 행동과 말들을 모두 적었다. 눈물을 흘리며 적었다. 분노의 감정을 솔직하게 적고 나니 마음이 가벼워졌다.

아버지에게 쌓인 나쁜 감정을 다 쏟아내고 나니 아버지가 그래도 우리를 위해 해주셨던 일들이 생각났다. 나는 아버지에게 죄송하고 감사한 마음을 종이에 적기 시작했다. 아버지는 술을 드시지 않으면 우리에게 한없이 착하셨다. 그리고 좋은 것, 맛있는 것들을 사주시기 위해 열심히 일도 하셨다. 아버지와 장난을 치며 놀던 때도 있었고 함께 여행을 하며 즐거운 시간을 보냈었던 사실이 생각이 나기 시작했다. 나는 아버지를 미워하는 마음에 좋았던 추억까지 다 부정하고 있었던 것이다.

그리고 '아버지 감사합니다. 모든 것을 용서합니다.'라는 말을 하루에 백 번씩 중얼거렸다. 신기하게도 계속해서 말을 하니 아버지에게 진정으로 감사한 마음이 들었다. 나를 낳아주시고 키워주신 것이다. 그리고 '아버지도 얼마나 힘들었을까.' 하는 생각이 들었다. 나는 그것을 잊고 살았었다.

나는 아버지에게 감사하다고 문자를 드렸다. 아버지는 바로 고맙다고 잘 지내라고 연락을 주셨다. 나는 과거의 모든 일들이 씻겨 내려가듯 눈물을 흘렸다. 그리고 과거로부터 해방될 수 있었다.

아버지에 대한 내 마음이 정리되니 남편과의 관계도 편해졌다. 그리고 남편에게 미안해졌다. 그리고 남편에게 진심으로 감사함을 느낄 수 있었다. 내 마음이 편안해지고 모든 미운 마음이 용서되자 나는 더 남편을 존중하게 되었다. 모든 과정이 자연스러웠다. 남편에게 하는 나의 말이 변화하면서 우리 부부관계도 좋아졌다.

아이는 가족 간에 흐르는 에너지를 금방 알아챈다. 그리고 부정적인 에너지가 흐르면 아이는 불안해진다. 그렇게 생각할 필요가 없음에도 아이는 자신 때문에 일이 이렇게 되었다고 생각한다. 아이가 모르겠지 생각하면 안 된다. 부모의 불화는 아이들이 쉽게 눈치챌 수 있다.

화목한 가정의 시작은 부부관계에 있다. 나처럼 누군가를 크게 미워하는 감정이 있는 것이 아니면 대화를 바꾸는 것만으로도 쉽게 부부관계를 회복할 수 있다. 부모는 아이에게 긍정적인, 사랑의 기운이 흐르는 가족관계를 만들어줘야 한다. 부부간의 사이가 좋을 때 남매나 형제들 간에 다툼도 잘 생기지 않는다.

남편과의 관계 유지가 중요하다. 남편을 존중해야 아이를 존중할 수 있다. 남편에게 사랑을 표현하기 어려우면 지금 당장 남편에게 사랑의 눈빛을 보내보자. 사랑의 눈으로 보면 사랑이 가득해진다.

아이의 자존감을 높이는 부부의 대화법

아이의 자존감 높이는 부부의 대화법은 어렵지 않다. 첫째, 비난조로 말하지 않는다. "도대체 당신이 우리 집을 위해 하는 일이 무엇이야?", 혹은 "집에서 살림하는 게 뭐가 어려워."라며 상대방을 비난하지 않는다. 어른들도 자존감에 상처를 입으면 회복되는 데 시간이 걸린다. 그 아무리 자존감이 높은 사람도 가장 가까운 배우자의 비난의 말을 듣고 온전할 수 없다.

둘째, 상대의 잘못을 지적하지 않는다. 그리고 비교하지 않는다. "다른 아빠들은 주말마다 놀러간대." 혹은 "아침밥을 안 먹어본 적이 없다는데……."라고 이야기하지 않는다. 누구나 비교를 하면 자존감이 낮아진다. 비교는 가장 안 좋은 대화 방법이다.

셋째, 침묵하지 않는다. 나는 갈등이 생기면 피해왔다. 하지만 시간이 지난다고 저절로 해결되는 것은 없다. 부부간의 갈등은 언제든 생길 수 있다. 바로 그 즉시 해결하는 것을 목표로 두고 감정이 격해졌을 때에는 잠깐 감정을 삭인 후 그 날에는 반드시 해결하고 넘어가길 바란다. 그리고 격양되고 큰 목소리보다는 감정을 조절하여 차분한 목소리로 대화를 해야 한다.

아이를 존중하면서도 아이를 바르게 키울 수 있는 방법은 부모가 서로를 존중하는 것이다. 남편으로부터 존중받는 아내는 행복하다. 자존감도 높아진다. 엄마의 높은 자존감은 아이에게 고스란히 전달된다. 존중하는 말을 아이에게 사용하기 때문이다.

아이는 부모의 발자취를 그대로 따른다. 내가 자존감이 낮게 자라왔다고 해서 아이마저 자존감 낮은 아이로 키울 수 없다. 엄마의 노력으로 아이의 자존감은 충분히 바뀔 수 있다. 아이는 엄마의 존중하는 말을 듣고 자존감이 높아진다. 스스로 괜찮은 아이라고 생각하며 자란다. 부모가 서로를 존중하고 자존감이 높아지면 자존감 높은 아이를 키울 수 있다.

아이를 인격체로 존중하라

이번 여행 어디로 가면 좋겠니?
우리 이사해야 하는데 넌 어떻게 생각해?

| 4장 |

아이의 특성에 따른
자존감 육아법

01 자신감이 부족한 아이 : 항상 격려의 말을 아끼지 마라

가장 중요한 교육방법은 항상 아이가 행동하게 격려하는 것이다.
—알베르트 아인슈타인

자신감도 얼마든지 키워줄 수 있다

K는 초등학교 2학년이다. 수업시간에 자신의 생각을 발표하는 시간이었다. K의 차례가 되었다. K는 발표를 위해 자리에서 일어나기까지도 시간이 걸렸다. 자리에서 일어선 후에도 한참을 조용히 서 있었다. 간단하게 자신의 생각을 이야기하는 것조차 K에게는 어렵다. 결국 그녀는 얼굴이 빨갛게 되어 눈물을 글썽거렸다.

"K야, 네가 할 수 있는 만큼만 하면 되는 거야. 겁낼 것 없어. 이미 일어선 것만으로도 용기 있는 행동이야."

나는 K를 응원해주었다. 그래도 아이는 여전히 머뭇거렸다. 쉬는 시간에는 친구들과 활발하게 놀이하는 그녀가 유독 수업시간에만 부끄럼쟁이가 되는 이유는 무엇일까.

K는 또래에 비해 몸집이 작은 왜소한 아이다. 그리고 유독 부끄러움이 많았다. K는 자신의 생각에 확신을 갖지 못했다. 자신이 맞는지 틀리는지에 너무나도 불안해했다. 그래서 아예 대답을 하지 않는 것이다. 자신이 해야 할 말이 있지만 자신감이 부족하여 말하지 못하는 것이다. 또 정답이 맞고 틀리고의 문제를 떠나서 K는 자신이 대답을 했을 때 선생님과 친구들의 반응이 두렵고 불안해서 아예 말을 하지 않는 선택을 했다.

부모는 아이를 격려하고 지지해야 한다

학부모 공개수업을 하면 많은 부모님들이 자기 아이의 수업 모습을 보기 위해 학교로 온다. 그리고 수업 중에 내 아이가 한 번이라도 더 발표했으면 한다. 부모의 기대대로 자신감을 갖고 발표를 많이 했으면 좋겠는데 아이는 손을 들 생각이 없어 보인다. 공개수업을 보고 난 후 선생님에게 보내는 글에 발표를 많이 할 수 있도록 지도해달라고 쓴다.

'선생님, 우리 아이가 평소에도 발표를 잘 안하나요? 발표 잘할 수 있게 많이 시켜주세요.'

엄마 앞에서 유독 자신감이 없는 아이가 있다. 그 아이는 엄마와의 관계에서 자신의 행동에 지적을 많이 받았기 때문이다. 지적을 많이 받은 아이는 움츠러든다. 엄마는 아이가 자신감이 없는 모습을 보고 초조해진다. 내 아이가 학교에서 더 당당하게 생활하기를 바라기 때문이다. 그리고 집에 가면 아이에게 이렇게 다그칠지 모른다.

"넌 왜 친구들 다 손 들고 발표하는데 손 안 들어?"
"발표하는 게 어려워? 힘들어?"
"엄마는 네가 발표하는 것 보고 싶어서 갔는데······"

이 말을 들은 아이는 어떨까? 엄마의 바람대로 자신감이 높아져 다음 수업시간부터 바로 손을 들고 발표를 시작할까? 엄마는 아이가 발표를 안 한 행동에 초점을 갖고 아이를 다그치기 시작한다. 그러나 이런 지적의 말이 아이의 자신감을 더욱 떨어지게 한다.

자신감이 있는 아이들은 누구 앞에서건 자신의 이야기를 당당하게 발표한다. 주위의 상황과 시선에 아랑곳하지 않고 자신의 생각을 이야기한다. 자신감 충만한 아이는 엄마의 격려로 만들어진다. 아이는 엄마의 격려에 힘을 얻는다. 엄마가 아이에게 항상 말해주는 말들로 아이의 자신감이 높아진다.

"공개수업 하는데 너의 모습이 참 의젓해 보였어."

"발표를 해보는 건 어떠니?"

"지금은 못해도 괜찮아. 하지만 해낼 수 있다는 믿음을 갖고 하나씩 해보면 반드시 이루어진단다."

"네가 노력했다는 사실은 절대 잊히지 않는단다. 엄마는 너를 믿어."

위와 같이 엄마의 사랑이 담긴 격려의 말을 들은 아이는 뭐든 할 수 있다는 생각이 들 것이다. 아이를 변화시키는 시작은 자기 자신에 대한 관점을 변화시켜주는 것이다. 스스로를 '뭐든 할 수 있는 아이'라고 생각한다면 어려운 상황에서도 도전하려는 마음이 생긴다.

도전하려는 마음은 아이의 생각을 변화시킨다. '나도 할 수 있겠다.'라고 생각하는 것이다. 그러면 아이는 자연스럽게 자신감을 갖게 되고 그것이 행동으로 이어진다. 도전을 통해 성공한 경험이 쌓이면 아이의 자신감은 더더욱 향상된다.

나는 K의 부모에게 격려의 말을 많이 해주라고 조언했다. 그 결과 5학년이 된 K는 학급의 회장을 맡았다. 아이의 자신감은 부모의 노력에 따라 얼마든지 달라질 수 있다. 발표를 못 해 울먹이던 K가 바르게 자라 학급 회장이 된 모습을 보니 나도 참 뿌듯했다.

자신감을 높이기 위해 작은 성공의 기회를 제공한다

아이는 처음부터 어려운 일에 도전하고 성공하는 것이 아니다. 아주 어렸을 때부터 작은 것들에서 성공 경험을 쌓아야 한다. 엄마는 아이가 스스로 할 수 있는 일은 아이가 먼저 해보도록 기다려야 한다.

아이에게 작은 성공을 만들어줄 수 있는 것은 무엇이 있을까? 혼자 밥 먹기, 혼자 옷 입기, 스스로 정리하기, 혼자 계단 오르기 등등 아이의 일상생활 모든 것이 성공을 경험할 수 있는 기회가 된다. 엄마는 인내하는 마음으로 아이의 성공을 바라봐야 한다. 엄마가 급한 마음에 도와주는 것은 아이의 성공 기회를 빼앗는 것이다.

마음이 급한 엄마들은 아이가 해볼 수 있는 기회를 빼앗는다. 한두 번 아이의 행동을 대신해주는 것이 반복되면 아이 스스로 할 수 있는 것이 없어진다. 엄마가 아이에게 성공 기회를 주지 않는 것이다. 이는 성취감을 느끼는 기회를 빼앗는 것이다. 더 나아가 아이가 스스로 자신감을 키울 수 있는 기회를 주지 않는 것이다.

아이가 성공할 수 있는 기회를 제공하는 것은 중요하다. 아이가 직접 해볼 수 있도록 기다려줘야 한다. 부모가 되는 것은 인내를 배우는 과정인 것 같다. 아이의 모습이 서툴러보여도 믿고 기다려주어야 한다. 그래야 아이는 도전하고 성공하고 또 다시 도전하는 선순환이 만들어진다.

그리고 그 과정에서 아이의 자존감이 높아진다. 부모는 아이가 노력하는 과정에 대단하다는 눈빛을 보내고 성공을 축하해주어야 한다.

엄마의 기다림과 격려의 말은 아이의 자신감뿐만 아니라 아이의 자존감까지 자라난다. 자존감과 자신감은 뗄 수 없는 관계다. 스스로 가치 있다고 생각하고 자신이 할 수 있다고 생각하는 마음과 자기 자신을 사랑하는 마음이 자존감이다. 자신감은 자존감 안에 포함된다.

아이는 부모가 하는 한 마디에도 성장할 수 있다. 그리고 또 좌절할 수도 있다. 아이가 자신감 없어하는 모습이 속상하다면 아이에게 진심을 담아 격려의 말을 해야 한다. 자신감이 없는 아이일수록 아이의 자신감이 반드시 향상된다는 믿음으로 아이를 바라보아라. 그리고 그 믿음을 바탕으로 격려의 말을 해보자. 아이는 스스로를 믿고 아이의 잠재의식을 끌어올릴 것이다. 그 결과 자신감 높은 아이로 성장할 것이다.

행동으로 실천하는 자존감

지금은 못 해도 괜찮아. 하지만 해낼 수 있다는
믿음을 갖고 하나씩 해보면 반드시 이루어진단다.

02 에너지 넘쳐 실수가 잦은 아이 : 현재의 문제만 짚어라

다른 사람이 우리를 화나게 하는 이유를 살펴보면, 우리 자신을 이해할 수 있다.
―카를 구스타프 융

과거의 일까지 혼내지 마라

에너지가 넘쳐 활동적인 아이들이 있다. 이 아이들은 끊임없이 움직인다. 이제 쉴 법도 한데 아이는 잠깐 쉬고 다시 움직인다. 이런 기질의 아이들은 움직여야만 에너지가 해소가 된다. 그 아이들은 가만히 앉아 있는 것이 벌이다.

1학년 아이 B는 굉장히 활동적이다. 평소에도 항상 몸이 먼저 움직이는 아이였다. 현장체험 학습을 가는 날에도 아이는 에너지가 넘쳤다.

"오늘은 특히 더 조심해야 하는 날입니다. 안전하게 다녀옵시다."

선생님의 말씀에도 B는 현장체험학습 장소에 있는 동상 위로 올라갔다. 그리고 그 아래로 떨어져 코피가 났다. 피를 본 아이는 계속해서 눈물을 흘렸다. 더 크게 다치지 않은 것이 정말 다행이었다.

활동적이고 에너지 넘치는 아이들이 조용하고 얌전한 아이들보다 사고를 많이 만든다. 많이 움직이니 어쩔 수 없는 결과다. 그러나 엄마는 아이가 어떤 기질이 있는가 보다 아이가 어떤 문제 행동을 했는지에만 관심을 갖는다. 그리고 엄마는 기억력의 대가다. 아이가 잘 못 했던 일들을 쉬지 않고 이야기할 수 있다. 그런 엄마들에게 "아이가 잘 한 일을 이야기해보세요,"라고 이야기하면 대답하기까지 한참 걸린다. 하지만 "아이가 요새 어떤 문제를 일으켰나요?"라고 묻는다면 대답이 계속해서 이어진다.

긍정적인 행동보다 문제 행동에 더욱 민감하게 반응하는 엄마들이 많다. 그리고 그 결과 아이의 문제 행동을 그 당시의 문제 행동으로 한정짓지 않고 그동안 해왔던 모든 문제들을 이어서 혼내 아이를 힘들게 한다. 과거의 일까지 혼내면 아이는 그저 상황을 피하고 싶어 한다. 6학년 학생들 중 에너지가 넘쳐 체육부장은 물론 여러 가지 체육활동에 모두 참여하고 있는 P에게 다음과 같이 물어보았다.

"엄마가 만약에 지금 한 일만 혼내지 않고 예전에 혼났던 일들을 모두 다 이야기하면서 혼내면 어떨 것 같아?"

P는 이렇게 대답했다.

"만약 엄마가 '네가 이전에 한 행동들을 엄마가 많이 참아왔다. 그런데 지금 네가 잘못한 것은 정말 혼이 나야겠다.'라고 말하신다면 엄마가 과거의 일들을 이야기하셔도 좋을 것 같아요. 그런데 그게 아니라 혼나야 할 일들에 예전에 혼났던 일들까지 모두 합해서 혼난다면 짜증날 것 같아요. 그리고 그냥 엄마 잔소리가 끝나기만 기다릴 것 같아요."

P는 지금 잘못한 일로만 혼나고 싶어 했다. 과거의 일은 이야기하는 것까지는 좋으나 그걸로 지금의 행동까지 판단하는 것은 싫다고 했다. 나역시 P의 기분을 이해할 수 있었다. 어린 시절 내가 잘못하면 어머니께서 나를 혼내시는 레퍼토리가 있었다. 처음엔 지금 내가 한 잘못에서 시작하지만 결국엔 예전부터 내가 잘못한 행동들이 모두 나열되는 것이었다. 그리고 그러한 잔소리 끝에 나의 어머니는 화를 내고 계셨다.

아이를 혼내지 않는 것이 가장 좋다. 하지만 혼내야 하는 상황이 생긴다. 아이를 혼낼 때에는 작은 소리, 단호하고 짧게 혼내는 것이 좋다. 길게 이야기하면 아이는 듣지 않는다. 엄마가 나를 위해 혼을 내는 것이라 생각하지 않고 잔소리를 한다고 생각한다.

엄마가 아이의 잘못된 행동에 대한 화가 덜 풀렸을 때 그 이야기를 계속 반복해서 하게 된다. 무의식 중으로 쌓여 있는 부정적인 감정을 해결하고 싶어 하기 때문이다. 엄마 스스로 아이의 문제 행동에 대한 감정을 해소하지 않으면 아이에게 잔소리로 이어질 가능성이 높다. 우리는 잔소리를 들어봐서 알고 있다. 그것이 얼마나 지루하고 벗어나고 싶은 순간인지를. 내 아이에게 어떨 때 잔소리를 하는지 엄마가 알고 있어야 한다.

엄마 감정을 해결하는 것이 먼저다

결혼하고 남편에게 속상한 일이 있으면 나는 그 마음이 풀릴 때까지 이야기를 하곤 했다. 처음에는 들어주던 남편도 계속 반복되면 그 이야기를 듣는 것에 힘들어했다. 하지만 나는 스스로 내 마음속에서 해결이 안 된 일이 있으면 그 비슷한 일이 생겼을 때 전에 있었던 일들이 함께 떠올랐다. 그리고 그 이야기를 또 남편에게 하고 있었다. 내 기억에 떠오르는 일들은 아직 내 마음 속에서 해결되지 않고 응어리로 남아 있는 사건들이 대부분이었다.

하지만 내가 받아들이고 감정을 보다 객관적으로 바라볼 수 있었던 일들에 대해서는 전혀 기억이 나지 않았다. 내 마음 속에서 해결이 되어

종료된 것이다. 해소되고 용서된 일들은 지금 내가 화난 상황과 연결되지 않았다.

결국 중요한 것은 아이의 잘못한 행동이 아니다. 엄마 마음속에서 아이의 잘못한 행동들이 어떻게 관리되었는지가 중요하다. 엄마가 그 아이의 행동들에 여전히 상처를 받고 분노하고 있으면 비슷한 상황이 일어나면 연쇄적으로 기억이 떠오른다.

엄마가 과거 아이의 문제 행동에 대해 용서하고 정리할 필요가 있다. 만약 아이가 잘못한 행동을 하게 된다면 그 행동이 엄마에게 어떻게 받아들여졌었는지를 파악한다. 그리고 그 행동에 나는 어떤 반응을 보였는지 적어본다. 그 당시의 나의 감정과 대응 방법을 적는 것이다. 그리고 나의 반응에 따라 아이는 어떤 반응을 보였는지 적어본다. 엄마의 훈육 상황을 자세히 적는 것이다.

글로 적고 제 3자의 입장에서 그 글을 다시 읽어본다. 우리는 감정적으로 격해져 있는 순간에 매우 주관적이 된다. 그리고 자신이 보고 싶은 것, 볼 수 있는 것만 보고 잘못된 방향으로 사고를 한다. 상황에 대해 주관적으로 파악하고 오해하는 것이다. 그리고 그 오해로 잘못된 대응을 한다.

엄마의 행동을 파악했다면 엄마가 원하는 이상적인 모습을 생각해본다. 바른 대응은 무엇일까 고민하여 새롭게 적어본다. 아이와의 훈육 장면에 대해 내가 원하는 대로 상상해서 적어보는 것이다.

과거를 정리하면 가벼워진다. 그리고 스스로 더 단단해진다. 아이와의 훈육 상황에서도 엄마가 정리를 해나가야 한다. 아이는 계속 성장하는데 엄마가 과거에 얽매여 아이의 성장에 발목을 잡는 것은 있을 수 없는 일이다. 엄마 스스로 가벼워지고 홀가분해져야 한다. 과거에 있었던 아이의 잘못에 대해서는 용서하고 정리를 해야 한다.

과거의 기억이 더해지지 않는다면 아이의 지금 현재의 문제 행동을 파악할 수 있다. 그리고 그에 해당하는 적절한 훈육이나 조언을 할 수 있게 된다. 그리고 간결하고 더 효과적으로 훈육할 수 있게 된다.

아이의 자존감을 높여주는 엄마의 한 마디 25

훈육은 엄하고 정확히 하라

> 엄마 마음에 해결되지 않은 일들이
> 너를 힘들게 했을 것 같아. 미안해.

03 느리고 더딘 아이 : 조급해 하지 말고 믿어라, 기다려라

믿음은 아동의 마음의 세계에 들어가는 유일한 통로다.
—마르틴 부버

느린 아이 왜 느린지 정확하게 파악하기

S는 행동이 느린 아이다. 아이는 모든 일에 여유가 있다. 먹는 걸 좋아하고 행동이 느니니 초등학교 3학년인데 6학년의 몸집이다. S의 엄마는 최근 운동을 하면 아이가 달라질까 하여 수영을 배우도록 하였다. 하지만 엄마의 기대와는 달리 이번엔 수영장에 보내기까지 엄마와 실랑이가 이어진다.

엄마는 S에게 많은 것을 바라는 것이 아니다. 엄마는 지금보다 조금만 더 빠르게 움직이길 원한다. 그러나 아이는 누웠다가 일어나는 데만

15분이다. 참다 못한 엄마는 S에게 소리치고 만다.

"쫌! 어서 움직이라고. 지금 몇 분째야."

S는 엄마의 고함에 움찔한다. 그러나 '엄마가 또 시작이네.' 하는 표정으로 여전히 누워있다. 엄마는 느린 S를 보며 울화통이 터진다. S가 왜 이렇게 느린지 엄마는 답답하기만 하다.

S는 나와 만났을 때 S는 발달 속도가 더딘 아이였다. 행동뿐만 아니라 학습에서도 발달이 느렸다. S는 난독증 증세까지 있었다. S와 따로 상담을 하는 날에도 S는 역시나 늦었다. 그래도 아이는 아무렇지 않았다. 그저 엄마가 이끄는 대로 끌려온 느낌이었다. 나는 아이와 자세히 이야기를 했다. 아이가 지금 어떤 마음인지 물어보았다. 아이는 그저 누워있고 싶다고 이야기했다. 아무 의욕이 없는 것이었다.

"하고 싶은 일이 무엇이니?"
"저 그냥 누워서 자고 싶어요."
"정말 누워서 잠만 자고 싶은 거니?"
"아무것도 하고 싶은 것이 없어요."

엄마와 아이를 컨설팅하며 알게 된 것은 S가 스스로 하고 싶어 하는 일이 없다는 것이다. 그리고 지금 하고 있는 수영도 학원도 공부도 다 엄마가 하라고 해서 억지로 하고 있는 것이었다. 아이는 선천적으로 조금 느린 아이로 태어났다. 하지만 엄마는 다른 아이와 자신의 아이를 비교하며 '발달이 느린 것'에 계속 예민해져 있었다.

사실 엄마는 아이에 대해 알고 있었다. 아이와 가장 오래 생활하고 있고 그 아이를 가장 잘 파악하고 있는 것은 엄마다. 하지만 아이를 잘 파악하고 있는 것과 올바른 방법으로 아이를 대하는 것에는 차이가 있다.

"아이가 어렸을 때부터 많이 느렸어요."

"처음에는 그저 기다려줄 수 있었습니다. 그런데 자꾸 뒤처진다고 생각하니 아이에게 욕심을 부렸어요. 아이를 다그치기 시작했습니다."

엄마는 아이의 현재 발달 속도를 인정하고 기다려줘야 한다. 물론 다른 아이들과 비교를 하면 조바심이 나기 마련이다. S의 엄마도 엄마의 조바심 때문에 계속해서 아이를 다그쳐왔다. 그 결과 S는 엄마가 억지로 시켜야 하는 아이가 되었다. S는 의욕이 없어졌을 뿐만 아니라 심적으로도 지쳐 있었다. 결국 아무것도 하고 싶지 않은 아이가 되었다.

마음이 지쳐 있고 자존감이 낮은 아이는 아무 일에도 의욕이 생기지 않았다. 그래서 그저 누워있고 싶었고 엄마가 하라고 한 일도 그냥 시간이 지나가 어떻게든 짧게 끝내고 싶었던 것이다.

아이와 가장 오래 생활하고 있고
그 아이를 가장 잘 파악하고 있는 것은 엄마다.

아이를 포기하지 않는다

세계적인 그룹인 버진 그룹의 대표 리처든 브랜슨은 어린 시절 난독증이 있었다. 그의 저서 『내가 상상하면 현실이 된다』 저서에서도 자신의 난독증에 대해 이야기했다. 난독증은 글을 읽고 글의 의미가 이해가 되지 안 되는 증상이다.

그러나 리처든 브랜슨은 자신의 시련을 그대로 받아들이지 않았다. 오히려 자신의 난독증을 극복하기 위해 〈스튜던트〉라는 잡지를 만들어 판매를 하였다. 그리고 그 시작이 그를 끊임없이 도전하게 만들었다. 결국 그의 버진 그룹은 항공 사업, 미디어 사업 등으로 큰 성공을 하고 있다.

어렸을 때 늦은 발달로 힘들었지만 결국엔 성공한 사람들이 많이 있다. 그들을 우리는 대기만성형 인재라고 부른다. 내 아이가 느린 것은 다른 아이와의 비교에서 나온 것이다. 그 아이만 보면 그저 자기만의 발달 속도로 자라고 있는 것이다.

꽃의 종류마다 피어나는 시기가 다르다. 매화는 겨울의 끝자락에 피고 벚꽃은 봄에 핀다. 여름엔 장미가 피고 가을엔 국화가 피어난다. 동백꽃처럼 겨울에 피는 꽃도 있다. 이처럼 각자만의 속도로 피어난다.

꽃을 키우는 사람이라면 그냥 기다리지 않는다. 꽃에 물을 주고 잎도 닦아주고 때때로 영양제도 준다. 그러나 꽃이 피는 시기만큼은 그 꽃이 정한다. 그리고 꽃을 키우는 우리는 그 꽃이 자라는 속도를 기다린다. 그리고 꽃이 피었을 때 기뻐한다.

아이도 저마다 다른 꽃이라고 생각해야 한다. 아이들 각자 피어나는 시기가 다르다. 엄마는 그 다름에 조바심을 내면 안 된다. 조바심 낸다고 해서 겨울에 피는 꽃이 여름에 피지 않는다.

엄마는 그저 아이가 언젠가는 피어날 꽃이라 믿고 기다리면 된다. 그리고 아이가 크게 성공한다는 확신으로 아이의 속도에 맞춰주면 된다. 늦는 것은 아무 상관없다. 다만 포기하는 것이 더 문제다.

포기하지 않는 것이 진정한 성공이다. 아이가 포기하지 않을 수 있도록 엄마가 아이를 지지해줘야 한다. 그리고 아이가 자라는 동안 기다려야 한다. 아이는 엄마의 믿음을 받고 자란다. 엄마가 아이를 믿는다면 아이를 다그치지 않는다. 왜냐하면 그 아이는 언젠가는 성공할 것이라는 것을 알기 때문이다.

믿어주되 적절히 지원해주라

그렇다고 아이를 그냥 방치하는 것은 안 된다. 믿어주고 아이에게 맞는 도움을 줘야 한다. 나는 S의 부모에게 지금 S가 다니고 있는 학원은 잠시 쉬기를 권했다. 수영을 계속해서 해나가기로 했다. 아이의 건강관리도 중요하고 물속에서 아이는 자유로움을 느끼고 있었기 때문이다. 우선 아이를 정서적으로 안정시키고 그 다음에 학습적인 지원이 이어지는 것이 중요하다.

S의 시간표는 대대적으로 바뀌었다. 학원을 쉬게 되었고 그 대신 아이의 난독증을 먼저 해결하기로 했다. 검사 결과 S의 난독증은 학습으로 해결 가능한 것이었기 때문이다. S는 지금 자기에게 필요한 공부를 하며 성취감을 느끼기 시작했다. 어려운 것을 배우는 것이 좋은 것이 아니다. 아이가 필요한 공부를 쉽게 하는 것이 좋다.

나도 성격이 급하기 때문에 무엇인가 기다리는 것이 어렵다. 그래서 나는 나의 급한 성격을 내가 할 수 있는 가장 작은 일을 하는 데 열중한다. 그 작은 일들이 쌓이다 보면 내가 급하게 하려던 일들이 순차적으로 해결되어가는 것을 발견하곤 한다.

아이들을 대할 때에도 마찬가지다. 나는 어떤 아이든 밝고 행복해질 수 있다고 믿는다. 그리고 반드시 성공한 삶을 살게 된다고 믿는다. 그 믿음으로 지금 그 아이에게 필요한 작은 부분을 찾고 그 작은 일들을 아이가 할 수 있게 독려한다. 아이는 작은 일들에 성취감을 느끼며 서서히 자존감이 높아진다. 결국 어떤 아이나 행복하고 성공한 삶을 살아간다.

기다려주면 잘하게 된다

> 엄마는 너를 기다릴 거야.
> 너는 반드시 크게 될 아이란다.

04 핑계대고 남 탓하는 아이 : 야단치지 말고 먼저 안아주라

가정은 있는 그대로의 자신을 표현할 수 있는 장소이다.
-A.모루아

계속해서 변명하는 아이는 자존감이 낮기 때문이다

J는 6학년 남자아이다. 하루는 J가 지우개를 잘라서 교실 바닥에 던졌다. 교실이 더러워지는 것을 걱정한 다른 친구들이 J에게 하지 말라고 말렸다. 그러나 J는 계속 지우개를 잘라서 던졌다. 뿐만 아니라 자신에게 하지 말라고 말한 그 아이를 괴롭힌 것이다. 그걸 본 아이가 나에게 와서 J와의 상황을 이야기했다.

나는 J를 불러 이야기를 나누었다. 왜 그런 행동을 하는지 물었다. 그리고 교실에서 다른 친구들과 함께 지내는 예절을 물어보았다. 나는 J에게 교실을 더럽게 하지 않는 방법과 친구를 때리는 행동에 대해 이야기를 했다. 그러나 J는 발끈하며 이야기했다.

"저만 그런 것 아닌데요. K도 했는데요."
"왜 저한테만 뭐라고 하세요?"

J는 항상 억울해했다. 아이는 자신의 잘못을 인정하기보다 자신만 걸렸다는 생각에 억울하다. 본인만 그렇게 한 것도 아닌데 혼나는 건 항상 자기 자신 뿐이라고 생각했다. 그리고 그 생각은 아이 스스로 잘못을 인정하지 않고 계속해서 핑계를 대고 남 탓을 하게 했다.

또 다른 날 창문이 깨져있어서 누가 그랬는지 추적해보니 J가 한 것이었다. J가 실내에서 공놀이를 하다가 창문을 깨는 실수를 한 것이다. 다행히 창문은 유리에 금이 간 정도로 깨졌었다. 산산조각이 난 것이 아니어서 다친 아이는 없었다.

하지만 교실에 있던 아이들 모두가 J를 보며 J가 잘못한 일이라고 저마다 한 마디씩 했다. J는 그 아이들의 시선을 이겨내려 더 화를 내고 있었다. 그때에도 J는 자신이 공을 던져서 깬 것이 아니라고 이야기했다.

그는 친구들에게 말했다.

"왜 나한테만 뭐라 그래!"

그리고 나에게 변명을 하듯 이야기를 했다.

"H가 공을 잘못 잡았기 때문에 창문이 깨진 것이에요."

혼내기 전에 아이의 마음을 먼저 안아줘야 한다

나는 아이에게 우선 "다치지 않았니?"라고 물어봤다. 내가 J의 상태를 물어본 순간 아이의 화가 조금 누그러지는 것이 보였다. 아이의 마음을 확인한 후 아이에게 실내에서 공놀이하는 것은 위험하다고 단호하게 이야기해줬다. 그리고 다시는 하지 말 것을 이야기했다. 그제야 J는 "네." 라고 대답했다.

그리고 우리 반 다른 아이들에게 J를 너무 나무라는 것을 이야기했다. 친구의 잘못을 이야기해주는 것은 맞지만 계속되는 J의 장난에 아이들은 J를 비난하기 시작한 것이다. J는 잘못한 행동을 한 것이지 그 아이 자체가 잘못된 것은 아니라고 이야기했다.

J는 자존감이 낮은 아이였다. 아이는 항상 다른 아이에게 장난꾸러기로 비춰졌었기 때문에 늘 못하는 아이, 장난치는 아이로 평가되고 있었다. 그리고 그 평가가 J의 자존감까지 내려가게 했다. 그리고 다른 아이

들을 J의 행동을 비난해왔던 것이다. 늘 비난받는 사람의 마음이 어떠할까. J는 엄청 속상했을 것이다. 그런데 그 속상한 마음을 제대로 표현하는 방법을 몰라 계속 아이들을 괴롭히고 문제 행동을 한 것이다.

장난꾸러기 아이도 아이다. 그의 마음도 여리고 자라는 중이다. 창문을 깨고 얼마나 놀랐을까. 일부러 창문을 깨려고 한 것은 아니었을 것이다. 내가 잘못을 탓하기 전에 아이의 마음을 알아주자 아이는 순순히 자신의 잘못을 인정했다.

늘 혼나기만 했던 J는 혼나는 상황이 익숙하다. 그런데 상담을 하며 알게 된 것은 그가 정말로 가끔은 자신이 한 일이 아닌데도 혼났던 적이 있었다고 했다. 그리고 그 당시의 억울함이 있었다. 그리고 다른 상황에서도 친구들과 같이 잘못을 해도 자신만 혼나는 상황이 된다고 스스로 생각하게 했다.

나는 상담을 통해 그 동안 억울하게 오해받아 힘들었을 아이를 위로해주었다. J는 여전히 장난을 친다. 친구들과 어떻게 하면 장난을 칠까 늘 그 고민만 하는 것 같다. 하지만 아이에게 문제 행동을 고치라고 충고하면 아이는 받아들인다.

이제 J에게 억울하다는 마음은 사라졌다. 문제 행동을 했을 때 항상 무슨 일인지, 왜 그런지 물어봤기 때문이다. 나는 J의 부모에게도 아이를 혼내기 전에 항상 무슨 상황인지 물어봐달라고 말했다. 상황을 파악한 후에 아이에게 책임을 지게 해야 한다고 이야기했다. 아이의 마음을 먼저 받아주고 그 후에 잘잘못을 따지라고 조언했다.

아이의 자존감이 높아지면 사고방식이 변화한다

문제 행동을 하는 이면에는 잘못된 사고방식이 있다. J가 문제 행동을 계속 할 수 있었던 이유는 자신만 그렇지 않다는 잘못된 생각에서였다. 그리고 다른 아이들도 그렇기 때문에 자신이 하는 행동을 정당화했던 것이다.

자신이 하는 잘못된 행동에 대해 미리 변명거리를 만들어둔다. 그리고 혼나는 상황에서 자신을 보호하기 위해 변명을 하고 핑계를 댄다. 결국 자기 스스로 당당하지 못하기 때문에 변명을 만들어낸 것이다. 그것이 반복되며 아이 스스로 사고방식이 된 것이다.

변명을 하는 것은 그 상황이 불안하기 때문이다. 늘 혼나는 아이지만 혼나는 상황은 늘 두렵고 불안하다. 그리고 계속 혼나왔기 때문에 자신이 안 그랬다는 것을 이야기하고 싶어 한다. 스스로를 보호하는 방법으로 선택한 방법이다.

아이는 잘못을 했을 때 부모가 어떤 상황인지 들어주지 않고 일방적으로 혼내면 억울함을 느낀다. 억울함을 느낀 아이는 자신의 행동을 진정으로 반성하지 않는다. 아이의 마음을 먼저 알아주고 어떤 상황인지, 왜 그랬는지 아이와 대화를 나누어야 한다.

　그런 후에 아이와 문제 행동에 대해 대화를 하면 된다. 아이의 이야기를 먼저 들어준다. 그리고 아이의 마음을 알아준다. 그 후에 문제 행동을 어떻게 고쳐나갈 것인지 이야기를 나누도록 한다. 이때 엄마가 원하는 행동과 해결 방향을 조언하는 것이 좋다.

　그럴 때 아이는 잘못을 해도 자기 자신의 가치가 떨어진다고 느끼지 않는다. 그저 잘못된 행동을 할 뿐, 충분히 고칠 수 있고 더 멋진 사람이 될 수 있다고 믿는다. 자존감이 높아지는 것이다.

　아이는 계속 배우며 성장한다. 시행착오를 겪으며 성장한다. 어른의 시선에서 보면 아이의 행동이 잘못된 행동인 것처럼 보인다. 하지만 아이는 잘못을 하며 성장하는 과정이다. 아이가 잘못을 했을 때 조금만 너그럽게 바라보면 아이는 편안함을 느낀다.

　그리고 장난꾸러기 아이들에겐 조금 더 아이의 마음을 읽어주자. 장난꾸러기이기 때문에 오히려 더 이해받지 못한 적이 많아 아이의 마음에 상처가 많이 있을 수 있다. 엄마가 먼저 그 아이의 마음을 알아주고 안아주길 바란다. 아이는 위로를 받고 내가 잘못을 해도 여전히 사랑받는다는 것을 알게 된다. 그리고 사랑받은 아이들은 자기가 잘못했을 때에도 그 잘못으로 혼날 것을 걱정하는 것이 아니라 어떻게 해결하고 바르게 자랄 것을 고민하게 된다.

잘못을 인정하게 하는 자존감

괜찮니? 너는 왜 그런 행동을 한 것이니?
먼저 말해줄래?

05 예민하고 까다로운 아이 : 부정 언어보다 긍정 언어를 써라

나 자신의 삶은 물론 다른 사람의 삶을 삶답게 만들기 위해 끊임없이 정성을 다하고
마음을 다하는 것처럼 아름다운 것은 없다.
- 레프 톨스토이

상위 1%의 예민한 아이라면 어떤 모습이 떠오르는가? 작은 변화에도 민감한 모습이 떠오르지 않는가? 선천적으로 예민하게 태어난 아이들이 있다. 울음으로 모든 것을 표현하는 신생아 시기에 예민한 아이는 계속해서 운다.

예민한 아이들은 외부자극에 민감하게 반응한다. 온도가 맞지 않아 울고, 옷이 불편하여 울고, 때로는 이유도 모른 채 울기만 한다. 부모는 계속 우는 아이를 보면 도대체 무엇이 문제인지 알 수 없다. 혹시 어디 아

픈가 걱정이 되어 병원에 가면 의사선생님은 아이가 아무 이상 없이 건강하다고 말한다. 예민한 아이를 둔 부모는 몇 배 더 힘든 육아를 한다.

내 아이가 예민한 아이라는 사실을 받아들인다

A는 굉장히 예민한 아이다. 작은 환경의 변화에도 크게 반응한다. 잠을 잘 때는 특히 더 예민했다. 자신이 좋아하는 촉감의 베게가 있어야지만 잠을 잤다. 그리고 엄마와 자신이 눕는 위치까지 스스로 정한 대로 되어있지 않으면 울음을 터뜨렸다.

옷을 입을 때도 마찬가지였다. 촉감이 좋지 않으면 그 옷을 절대 입지 않았다. 자신이 좋아하는 옷만 입었다. 만약 그 옷을 빨아둔 날이면 끝까지 그 옷을 입겠다고 고집을 부린다. 결국 엄마가 드라이기로 아이의 옷을 말려야 하는 상황까지 이어지곤 했다.

한 번 울음이 터지면 아이는 자기 마음에 드는 상황이 될 때까지 울었다. A가 울면 처음에는 A의 의견에 맞춰주려던 엄마도 계속해서 울기만 하니 짜증이 나기 시작한다. 그래서 아이를 혼내면 아이는 더 크게 운다. 새벽까지 울다 지쳐 잠든 아이를 보면 부모의 마음은 아프다. 그리고 내일은 아이가 원하는 대로 해주리라 다짐한다.

그러나 다음 날에도 아이는 예민하게 울고 엄마는 그 상황을 못 버티고 화를 낸다. 엄마는 다짐을 하지만 아이에게 어떻게 대해줘야 할지 방법을 모른다. 그저 참으려 하는 것도 하루 이틀 뿐이다. 아이와의 실랑이가 이어진다.

예민한 아이들은 모든 순간들이 받아들이기 힘든 순간이다. 시각, 촉각, 청각, 후각, 미각 등 모든 감각이 예민하여 잘 먹지도 않는다. 그리고 작은 변화에도 민감하게 반응한다. 큰 변화를 받아들이기 힘들어하는 경우가 많다. 그렇기 때문에 예민한 아이들은 더 자주 운다.

예민한 아이들은 부모가 아이를 키우기가 매우 힘들다. 아이는 사소한 것 하나조차 자신이 원하는 방법이어야 만족하기 때문이다. 나는 예민한 아이들의 부모를 만나면 먼저 부모가 아이가 예민하다는 사실을 받아들이도록 한다.

'우리 아이는 상위 1%로 예민한 아이다.'
'아이는 특별하게 대우받아야 한다.'

이렇게 생각하면 부모가 아이를 받아들일 수 있다. 그리고 아이가 예민하다고 인정하면 이제 '어떻게 아이를 도와줄 수 있을까?' 방법을 찾아보게 된다. 또 중요한 것은 아이가 예민하게 행동해도 점차 성장하면서 부모와의 긍정적인 관계와 대화를 통해 예민함에도 편안하게 살아갈 수 있다는 것이다.

예민한 아이는 부정적으로 바라볼 것이 아니라

아주 섬세한 아이라고 생각해야 한다.

예민한 아이에게 상황을 예측가능하게 하는 것이 중요하다

나는 예민한 아이가 울기 전에 아이의 욕구를 파악하여 해결해주라고 말한다. 예민한 아이들에게는 일정한 패턴이 있다. 그 패턴이 고정적으로 유지될 수 있도록 최대한 배려하는 것이다. 일과를 만들어놓으면 의사소통이 이루어지지 않는 아기와도 편안하게 육아를 할 수 있다.

아이가 의사소통이 가능해진 시기가 되면 아이에게 변화가 생긴다면 적어도 세 번 정도 아이에게 이야기를 해주어야 한다. 미리 아이가 알고 있고 마음의 준비를 할 수 있도록 하는 것이다. 아이는 스스로 받아들이기까지 시간이 걸릴 수 있다. 그래서 나는 약간의 시간을 두고 세 번 정도 아이에게 상황을 이야기하도록 한다. 예측가능한 상황이 되면 아이는 조금 더 편안하게 받아들일 수 있기 때문이다.

예민한 아이들에게 중요한 것은 '세상이 불편함으로 가득하지만 그럼에도 불구하고 아름답고 살만 하다.'라고 느끼게 하는 것이다. 긍정적으로 바라볼 수 있도록 해줘야 한다. 예민한 아이는 부정적으로 바라볼 것이 아니라 아주 섬세한 아이라고 생각해야 한다. 그들은 섬세하기 때문에 민감하게 반응할 수 있는 것이다.

엄마는 아이를 긍정적으로 바라보고 인내해야 한다. 그리고 아이에게 긍정의 말을 해주어야 한다.

"넌 왜 이렇게 예민하니."

"엄마 지쳐 쓰러지겠다."

부정적인 말들은 아이가 부정적으로 사고하게 한다. 그리고 부정적인 사고는 부정적인 감정을 일으킨다. 안 그래도 예민한 아이는 세상을 더 불편한 곳이라고 생각한다. 엄마는 항상 아이에게 긍정의 언어로 말해야 한다.

"태어나줘서 고마워."

"사랑해."

"엄마가 도와줄게. 이렇게 하면 더 편안하니?"

엄마의 말에는 힘이 있다. 아이는 이 세상에서 엄마를 전부로 생각하기 때문이다. 그런 엄마가 나에게 긍정적으로 말을 해주고 힘을 실어주면 예민한 아이도 조금은 더 편안하게 생활할 수 있다.

아이의 약점이 강점이 될 수 있다

예민함은 아이의 강점이 된다. 섬세함을 갖추고 세상을 바라보기에 더 특별하게 바라볼 수 있다. 부모는 아이의 약점을 강점으로 바꿔줄 수 있는 힘을 갖고 있다. 아이의 예민함을 받아들이고 긍정의 언어로 사랑을 표현하면 아이는 모든 것을 이겨낼 것이다.

그러나 나는 아이의 예민함에 많이 지쳐있을 엄마들을 우선 위로하고 싶다. 새벽에도 우는 아이를 달래기 위해 얼마나 많은 시간을 홀로 깨있었을까. 엄마의 노력이 아이를 키운다. 엄마는 강하다. 하지만 한 번씩 위로받아야 한다.

예민한 아이를 키우느라 고생이 많은 모든 엄마들에게 '지금 아주 잘하고 있다'고 '힘내'라고 작은 위로의 말을 전한다. 혹 너무 힘이 들어 위로받고 싶다면 언제든 연락을 해도 좋다. 엄마가 편안하고 긍정적으로 생각하고 아이에게 긍정적인 말로 대화를 할 때 아이는 엄마의 분위기를 느낀다. 그리고 그 긍정적인 대화 안에서 세상을 긍정적인 시각으로 바라본다.

배려가 자존감을 높인다

네가 예민하게 바라볼 수 있어.
하지만 세상은 아름답고 편안한 곳이란다.

06 집중력 부족한 아이 : 아이의 행동에 즉시 반응을 보여라

자신을 믿어라. 자신의 능력을 신뢰하라.
겸손하지만 합리적인 자신감 없이는 성공할 수도 행복할 수도 없다.
– 노먼 빈센트 필

집중력을 키우기 전에 자존감을 높여야 한다

내가 만났던 S는 초등학교 5학년이다. S는 집에서 엄마와 공부목표를
세우고 실천하고 있다. 그러나 S가 공부하러 방으로 들어간 지 얼마 지
나지 않아 다시 거실로 나왔다. 거실로 나온 이유는 물을 마시기 위해서
였다. 물을 마시고 들어간 S가 공부를 다시 시작한 것 같았다. 그런데 잠
시 후 S가 또 거실로 나왔다.

"이번엔 무슨 일이니?"

"물을 마셨더니 화장실에 가고 싶어서요."

S는 10분 이상 진득하게 집중하지 못하고 계속해서 움직인다. S의 부모는 S가 학교에서 40분 동안 가만히 집중하여 앉아 있을까 걱정이 되었다. S의 엄마는 S가 30분은 앉아서 공부해줬으면 한다. 그러나 S는 30분이 아닌 3분도 집중하기 힘들어한다.

S는 집중하지 못하고 수업시간에 멍하게 있는 경우가 많았다.

"S야, 무슨 생각을 하니?"
"아무 생각도 안 했어요."

특별한 생각을 하는 것이 아니라고 매번 대답하는데 나는 S의 마음이 궁금해졌다. S는 배움이 느린 아이였다. 배움이 느리다 보니 자연스럽게 공부에 자신감이 없었다. 친구들과 비교해서 못하는 아이라는 생각이 있었기 때문이다.

그래서 S는 아예 공부를 포기한 상태였다. 엄마가 하라고 하니 겨우 공부를 하고 있었다. 그리고 자기 자신에 대한 믿음이나 자신감이 전혀 없었다. 공부로 인해 자신감이 떨어지고 그 결과 S는 스스로의 가치를 낮게 여기고 있었다.

아이가 스스로 꿈을 갖도록 해야 한다.
꿈이 있는 아이는 자신이 해야 할 일에 집중한다.

S는 자존감이 낮았다. 그래서 뭐든 할 수 없는 아이라고 생각했다. 아주 쉬워 보이는 문제도 해보겠다는 '의욕'이 없었다. 집중력을 키워주기 전에 아이의 자존감을 높여주는 것이 필요했다. 자존감을 높이고 스스로 목표를 세울 수 있도록 아이를 격려하는 것이 필요했다.

아이에게 꿈이 있으면 집중한다

아이들이 집중하는 시간은 얼마 정도일까? 아이들이 집중하는 시간은 그 아이의 나이만큼의 분이라고 한다. 예를 들어 3살이면 3분, 10살이면 10분이 되는 것이다. 그래서 초등학교 수업에서는 보통 10분마다 한 번씩 새로운 활동을 시작한다. 아이들이 새로운 활동에 관심을 보이고 집중해서 학습하는 시간을 고려한 것이다.

그런데 우리는 30살이 되었다고 해서 30분만 집중할 수 있는 것은 아니다. 한 시간, 두 시간 계속해서 집중할 수 있는 힘이 있다. 아이에게 최소한의 집중 시간이 있지만 집중하는 것도 연습과 훈련을 통해 길러질 수 있다. 그리고 집중하는 능력도 반복적인 훈련을 통해 길러져야 한다.

나는 꿈이 생기고 해야 할 이유가 확실히 생긴 후 집중하는 시간이 점점 늘어났던 경험이 있다. 대학교 4학년 때 나는 임용고시를 준비하는 학생이었다. 대학교 4학년 때 갈등이 많으셨던 부모님께서 이혼을 하셨다. 부모님이 이혼을 하면 행복할 줄 알았는데 나는 그 사실을 받아들이는데 마음이 힘들었는지 몸까지 아파왔었다. 류머티즘 진단을 받고 1년 간 치료를 했었다. 물론 지금은 완치가 되었다. 그러나 그 당시에는 절망의 시간을 보냈었다.

아무것도 손에 잡히지 않아 시간을 허비하고 있었다. 그러다 엄마로부터 경제적인 독립을 해야겠다는 생각이 들었고 임용고시 시험에 합격하겠다는 목표를 갖게 되었다. 11월 임용시험 1차 날이었고 내가 결심한 것은 9월 말경이었다. 나는 절대적인 시간이 부족했다. 하지만 이루어야 할 목표가 있었다. 그리고 그 목표를 달성하기 위해서는 내가 보내는 시간을 최대한 집중하는 시간으로 보내야했다.

아이가 좋아하는 놀이를 할 때는 아이의 집중력은 최상이 된다. S도 자신이 좋아하는 일을 할 때는 엉덩이 붙이고 앉아 몇 시간이고 계속 집중해서 했다. 유독 공부에 집중하지 못하는 것은 공부를 왜 해야 하는지 모르기 때문이기도 했다.

아이가 스스로 꿈을 갖도록 해야 한다. 꿈이 있는 아이는 자신이 해야 할 일에 집중한다. 김연아 선수도 어린 시절 피겨 스케이팅 연습을 할 때 아이스링크에 사람이 없는 밤 시간을 이용했다고 한다. 그러나 그녀에게는 올림픽 금메달 획득이라는 원대한 목표가 있었기 때문에 그 시간에도 놀라운 집중력을 발휘할 수 있었던 것이다. 꿈을 이루기 위해서는 극한의 상황에서도 집중을 한다.

스스로 '할 수 있다'는 믿음이 집중력을 높인다

아이가 어릴 때 엄마가 아이가 지금 하고 있는 일에 어떻게 반응하는지가 중요하다. 아이가 좋아하는 일에 관심을 가지면 즉각 반응하여 좋아하는 일을 계속할 수 있도록 해야 한다. 그리고 그것이 꿈으로 이루어질 수 있도록 안내한다.

꿈을 이루기 위해 노력하는 아이들은 공부에도 최선을 다한다. 자신이 왜 공부를 해야 하는지 알고 있기 때문이다. 아이 스스로 꿈을 갖게 된다면 그리고 재미를 느낀다면 저절로 집중을 할 것이다.

집중력을 늘리는 방법은 꼭 공부로 할 필요는 없다. 아이가 좋아하는 것으로 시작하면 된다. 그러나 온라인 게임은 아이가 집중을 잘하기는 하지만 그 부정적인 측면에서 아이가 게임 중독이 될 수 있으니 그 방법은 선택하지 않기를 바란다.

아이가 어떤 순간에 집중을 하는 모습을 보았다면 아이가 집중해서 그 일을 마친 그 순간에 아이의 태도에 대해 엄마가 반응을 보이는 것이 중요하다. 여기에는 그 노력하는 모습을 구체적으로 칭찬하고 격려하는 것이 좋다.

아이가 스스로 내적 동기를 갖기 까지는 엄마가 적절한 칭찬과 응원으로 아이에게 동기 부여를 할 필요가 있다. 특히 집중력이 부족한 아이들은 엄마가 즉각 반응할 때 크게 동기 부여가 되어 집중할 수 있는 힘을 키워가게 된다.

아이가 느낀 성공과 부모의 격려는 아이를 또 다른 일에 집중하게 한다. 도전하고 집중하고 이루어내는 과정이 아이의 일상이 된다. 작은 성공의 경험으로 아이의 자존감 역시 높아질 것이다.

집중력이 낮은 아이들에게는 작은 성공의 기회를 제공하고 성공의 결과를 크게 칭찬해야 한다. 성공경험으로 자존감이 높아지고 이는 또 다른 성공에 대해 기대하게 한다. 기대감으로 아이는 끝까지 하는 힘, 집중력이 높아진다. 하나씩 이루어가는 삶을 사는 것이다. 이는 부모의 즉각적인 반응에서 시작한다. 집중력이 낮은 아이가 하나의 행동을 했을 때 크게 기뻐하고 격려하는 부모의 태도에서 아이의 자존감과 집중력이 향상될 것이다.

꿈을 키우는 자존감

꿈을 이루기 위해 노력하는 네가 참 대견스럽다.
성공을 축하한다. 끝까지 응원한단다.

07 낯가림이 심한 아이 : 떠밀지 말고 공감해주며 설득하라

사랑에는 한 가지 법칙밖에 없다.
그것은 사랑하는 사람을 행복하게 만드는 것이다.
―스탕달

기질이 다른 아이 이해하는 것이 공감의 시작이다

C는 조용하고 내성적인 아이다. 다른 사람을 만났을 때 쉽게 다가가지 못 한다. 새로운 사람을 만나면 언제나 엄마의 뒤에 숨는다. C의 엄마는 아이의 이런 성향을 바꿔주기 위해 노력했다. 엄마는 아이의 낯가림을 없애주기 위해 많은 친구들을 만날 수 있도록 육아모임을 시작했다. 그런데 아이는 또래 친구들과도 못 어울리고 엄마 옆에만 머물고 있다.

엄마는 C가 사교적인 아이로 자라기를 기대한다. 그러나 곧 초등학생이 될 C가 학교에서 친구들을 잘 사귈지 걱정이 이만저만이 아니다. 엄마는 걱정되는 마음이 앞서 결국 아이에게 아이의 행동을 탓한다.

"친구들을 만나면 친구와 놀아야지. 엄마랑 놀면 되겠어? 왜 자꾸 엄마한테 붙어 있는 거야!"
"다음에도 그러면 엄마 화낼 거야."

C는 엄마 말을 듣고 그 친구들을 만나러 가는 그 자체를 두려워했다. 하지만 엄마에게 혼이 날까봐 이야기를 하지 않았다. C는 계속해서 그런 낯선 사람을 만나는 상황이 만들어지는 것이 힘들었다. 하지만 C는 엄마가 바라는 모습의 아이가 되기 위해 노력했다.

C의 엄마는 아이가 조용한 기질을 타고났고 혼자 있을 때 에너지를 더 많이 얻는다는 사실을 인지하지 못했다. 그저 아이가 다른 사람들과 잘 어울려 살아가기를 바라는 마음에 아이를 다그쳤다. 아이는 엄마가 다그치는 말에 자신이 문제라고 생각하게 된다. 그리고 점점 더 자신감을 잃게 된다.

아이에게 필요한 것은 엄마가 C의 기질을 이해하고 지금 이 순간 느끼는 아이의 감정을 알아주는 것이다. C는 내향적인 기질을 타고났다. 그래서 다른 사람보다 낯선 사람과 친해지려면 시간이 많이 필요하다. 그리고 새로운 사람과 있을 때, 아이는 많은 용기를 내야 한다.

C의 엄마는 외향적인 기질을 갖고 있었다. 그녀는 아이의 행동이 이해가 되지 않았다. 그녀는 사람들을 만나기를 좋아했고 언제나 자신이 앞에서 이끄는 것이 편했기 때문이다. C와 엄마의 기질이 전혀 달랐다. 그래서 엄마는 아이를 잘 이해하지 못해 답답해했다.

엄마와 아이의 기질이 비슷하다면 아이를 이해하는 폭이 넓다. 엄마 스스로 경험을 했었기 때문이다. 하지만 기질이 다르다면 기질이 다름을 인정하는 것이 엄마가 제일 먼저 해야 할 부분이다. 기질이 다르다는 것을 알아야 내 아이의 행동을 이해할 수 있다.

기질이 다르다고 해서 모든 것이 다 다르지는 않다. 하지만 좀 더 선호하는 경향이 다르다. 선호하는 경향 차이 때문에 행동이 달라진다. 외향적인 엄마는 C와 같이 조용한 기질의 아이를 이해하지 못 했다. 엄마의 시선에서 보면 아이가 답답하게만 보인다.

답답하다고 아이를 다그치면 아이는 엄마에게 인정받지 못 한다고 생각한다. 그리고 스스로 계속해서 문제가 있다고 생각한다. 그 결과 아이의 자존감은 낮아진다. 때문에 아이와 성향이 다르다고 생각하는 부모는 더욱이 아이를 객관적으로 바라봐야 한다. 부모의 기준에 맞춰 아이를 판단하지 않고 아이가 어떤 성향인지를 아이의 시선으로, 혹은 객관적으로 파악해야 한다.

다름을 이해했다면 아이의 마음을 공감해주어라

내 아이가 조용하고 내성적인 아이라는 것을 알게 되었다면 아이가 낯가림이 심한 것이 이해될 것이다. 아이는 당연히 처음 본 사람과 어울리는 데 시간이 필요하다. 아이가 스스로 안정을 느낄 수 있는 방법은 엄마의 품에 들어가는 것이다. 낯선 사람을 만났을 때 엄마의 뒤에 숨는 것이 아이로서 할 수 있는 가장 최고의 대응방법이다. 그럴 때 아이를 매몰차게 내치는 것은 아이의 자존감을 떨어지게 한다. 엄마는 아이의 상황과 감정을 공감해줘야 한다.

"처음 보는 친구들이 많아서 낯설지?"
"엄마 옆에서 있어도 괜찮아."
"우리 친구들이 뭐 하는지 보고만 있자."

아이는 엄마에게 공감을 받으며 편안함을 느낀다. 내가 지금 느끼고 있는 감정이 나쁜 것이 아니라고 생각한다. 그리고 그 마음이 엄마도 같다고 생각하며 안도한다. 마음이 안정된 아이는 친구와 만나는 상황에 천천히 적응해나간다. 엄마는 서서히 아이가 적응할 수 있도록 상황을 설명해주고 아이의 마음이 조금씩 움직이도록 해주면 된다. 아이는 훌륭하게 해낼 것이다. 내성적인 아이라고 해서 모두 다 친구를 만나기를 어려워하는 것은 아니다.

영화 〈우아한 거짓말〉에서 주인공 천지는 친구 관계로 힘들어했다. 결국 그녀는 자살이라는 극단적인 선택을 했다. 그녀의 엄마와 언니가 그녀가 학교생활과 친구관계로 힘들어했다는 사실을 알게 되었다. 그리고 살아있을 때 사실 아이가 힘들어하는 걸 이미 알고 있었음에도 공감해주지 못했다는 죄책감을 느낀다.

부모는 내 아이를 전적으로 공감해줘야 한다. 내 아이가 가정 밖에서 겪는 모든 힘든 일들과 서러운 일들, 즉 부정적인 감정에 대해 모두 공감해주어야 한다. 아이가 온전하게 이해받을 수 있는 사람이 부모가 되어야 한다.

부모가 아이와 좋은 관계를 유지하고 아이의 말에 공감할 수 있는 방법이 있다. 우선 아이가 집에 들어왔을 때 아이의 얼굴빛을 살핀다. 아이의 얼굴에는 숨길 수 없는 표정이 있다. 그 표정의 변화를 엄마가 감지한 후 아이에게 묻는다. 아이에게 가장 먼저 하는 질문이 중요하다.

"오늘 어땠어?"

"오늘 친구랑 놀고 싶었는데 그 친구가 다른 아이랑 놀았어요."

"그 친구가 다른 아이랑 놀아 마음이 어떠니?"

"속상했어요."

"속상했구나. 네가 놀고 싶어 하는 친구가 다른 친구랑 놀면 정말 속상하지."

"네."

"그럴 때는 어떻게 하는 게 좋을까?"

"친구랑 같이 놀자고 이야기를 해볼게요."

무슨 일이 있음을 알아차려도 아이에게 물어보는 것이 중요하다. 그리고 대화 중에 드러난 아이의 감정을 먼저 확인해줘야 한다. 감정을 알고 나면 부모는 아이의 감정에 공감을 해준다. 공감 받은 아이는 자신의 이야기를 시작할 것이다. 부모는 그 이야기를 끝까지 들어주면 된다. 아이는 엄마에게 위로받았다고 느끼고 힘든 감정으로부터 자유로워질 것이다. 아이가 감정에서 편안해진 후에 아이와 함께 문제 상황을 어떻게 해결할지 찾아보면 대부분이 쉽게 해결될 것이다.

조용하고 내성적인 아이일수록 그 아이의 마음을 잘 읽어줘야 한다. 낯가림이 심한 아이들은 친구관계를 어려워하기 때문에 학교생활, 사회생활에 더 어려움을 겪을 수 있다. 부모가 아이의 어려움을 이해하고 공감해주면 그 어려움은 더 이상 아이를 힘들게 하지 않을 것이다. 아이의 말에 공감하고 잘 들어주는 것만으로 부모는 아이에게 든든한 버팀목이 되어줄 수 있다.

아이의 자존감을 높여주는 엄마의 한 마디 30

내 편이 있음을 알게 하라

처음 보는 친구들이 많아서 낯설지?
엄마가 옆에 있으니 괜찮아.

08 집중력 부족하고 산만한 아이 : 원칙을 가지고 행동하게 하라

자존감은 기본적으로 자신에 대한 신념의 집합이며
인생을 성공으로 이끄는 힘이다.
−조세핀 킴

W는 수업시간에도 가만히 앉아 있지 않는다. 그리고 책상은 늘 어지럽다. 교과서를 찾는 데에도 시간이 오래 걸린다. W가 집에 가고 그 자리를 보면 이 아이가 어떻게 하루를 보냈는지 알 수 있다. 다 먹은 우유 곽부터 하루 동안 배운 교과서, 리코더, 필통, 연필들이 다 올라와 있다.

W는 집중력이 부족하다. 그리고 외향적인 성격에 행동하는 것을 좋아한다. 수업시간에 발표할 사람이라는 말이 끝남과 동시에 W가 칠판 앞에 나와 있다. 또 W는 동시에 여러 가지를 하려고 한다. 여기 저기 관심

아이가 참여하여 만든 규칙은 꼭 지켜야겠다는 동기 부여를 한다.

이 다양하다 보니 산만하다. 모든 분야에서 다 성공하면 좋으련만 아이는 계속해서 놓치는 것들이 많다.

W의 부모는 아이가 산만한 것이 걱정이었다. 아이는 집중해서 진득하게 무엇인가 하는 것을 어려워했다. 혼자 공부하는 것을 못하는 것 같아 최근에는 엄마가 옆에 앉아서 아이의 공부를 봐주기 시작했다.

엄마는 아이와 30분 정도 공부를 했지만 결국 이리 저리 돌아다니고 준비하며 문제는 겨우 두 문제를 풀었다. 엄마가 옆에 앉아 있으면 아이가 할 것이라 생각했는데 그 기대마저 아이에게는 통하지 않았다.

엄마는 결국 나를 찾아와 아이에 대해 상담을 했다. W는 집중력이 부족하고 산만한 것이 문제였다. 아이는 동시에 여러 가지를 다 하려고 했다. 그러면서 제대로 마무리 짓는 것들이 없었다.

W의 엄마와 상담을 하다 보니 W가 스스로 해야 할 일들에 대해서도 엄마가 많이 해주고 있었다. 아이가 못 챙기는 부분을 엄마가 대신해주고 있었던 것이다. 혼자서 물건을 챙기는 것이 안 되니 부모는 초등학교 3학년이 된 아이의 준비물과 책가방을 하나하나 다 챙겨주었다.

사소한 것들이지만 엄마의 챙김을 받은 아이들은 스스로 하는 법을 모르기 때문에 못하는 경우가 많다. 아이들은 간단하다고 생각되는 가방을 정리하는 방법, 책상을 정리하는 방법을 모른다. 다 엄마가 해줬기 때문이다. 더욱이 W는 타고난 기질도 행동이 먼저 앞서는 아이였다. 스스로 차분하게 정리할 수 있는 시간을 갖고 하나씩 배워나가도록 해야 했다.

아이가 혼자 할 수 있는 규칙을 만든다

나는 W의 엄마에게 아이와 규칙을 만들라고 이야기했다. 엄마 스스로 정한 규칙이 아니라 아이와 함께 정해보라고 했다. 아이가 참여하여 만든 규칙은 꼭 지켜야겠다는 동기 부여를 한다. 실제로 아이와 함께 규칙을 정하고 실천하며 W의 생활 습관은 많이 교정되었다. 스스로 할 수 있는 일들이 많아지고 주변을 정리하며 완성하는 능력을 키울 수 있었다.

집중력이 낮고 산만한 아이와 규칙을 만드는 방법은 다음과 같다. 꼭 산만한 아이에게만 해당되는 것은 아니다. 그러나 산만한 아이일수록 한 번에 하나의 규칙만을 만들어 적용하는 것이 좋다.

첫째, 목표를 정하는 것이다. 규칙을 통해 어떤 모습이 될지 미리 생각해보는 것이 좋다. 이때 목표는 기한을 함께 정하는 것이 좋다.

'3개월 후에는 스스로 방 정리를 하는 어린이가 되었다.'

목표에는 이루고 싶은 기한과 이루고 싶은 모습을 적는다. 그리고 이미 이루어진 것처럼 목표를 적는 것이 좋다. '~하고 싶다.'라고 적는 것은 계속해서 '~하고 싶은' 상황에 머무르게 한다.

목표는 완료하려는 시점을 쓰고 실현 가능한 목표를 잡는다. 그리고 이미 이루어진 것처럼 적는다. '시작이 반이다.'라는 말이 있듯이 목표를 적는 것만으로도 아이의 행동이 변화되었다. 목표를 적는 것이 그만큼 중요한 첫 시작이다.

둘째, 목표를 정했으면 그에 따라 해야 할 규칙을 긍정의 언어로 정한다. '책상 어지르지 않기'라는 규칙보다는 '책상 깨끗하게 유지하기'로 규칙을 정하는 것이 좋다. 계속해서 강조하고 있지만 긍정의 언어를 사용하는 것이 중요하다. 규칙을 정할 때 흔히 '~하지 않기'로 정하는 경우가 많다. 이제부터라도 원하는 결과에 대해 긍정적으로 표현해보자.

긍정적으로 표현하는 이유는 사람의 사고방식과 행동으로 이어지는 과정에서 긍정과 부정을 구분하지 못한다. 만약 어지르지 않기라고 하면 어지르기에 초점이 맞춰지는 것이다. 그리고 실제로 더 어지르는 경우가 생긴다. 목표나 규칙은 항상 긍정적으로 표현해야 한다. 원하는 모습을 긍정적으로 표현하여 규칙을 적어보길 바란다.

셋째, 아이와 함께 만드는 것이다. 규칙을 누가 지킬 것인가? 아이가 지키는 것이다. 그러니 아이의 의견이 들어가야 한다. 엄마가 정해주는 규칙은 아이에게 또 다른 속박이다. 아이가 엄마에게 억압당한다고 생각할 수 있다. 그러면 규칙을 지키려는 마음이 생기지 않는다. 반항심이 생기는 것이다.

아이가 자발적으로 참여할 때 그것을 지키겠다는 마음이 생긴다. 나는 아이들의 의견을 받아 학급 규칙을 정한다. 그리고 그 아래에 아이들의 서명을 받는다. 서명은 자신의 이름을 쓰는 행동이다. 하지만 그 작은 행동이 아이에게 '이 규칙을 지켜야겠다.'는 다짐을 한 번 더 하게끔 한다.

넷째, 아이가 지금 당장 할 수 있는 작은 일을 규칙으로 정하고 무슨 일이 있어도 지킬 수 있도록 한다. 원대한 목표를 갖는 것이 좋다. 하지만 지금 당장 실천할 수 있는 작은 단계로 쪼개어 실천 목표를 정하는 것이 중요하다. 우리의 뇌는 내가 할 수 있겠다고 생각한 일들만 하고 싶어 한다. 그렇기 때문에 너무나도 쉬운 것들부터 시작할 수 있도록 한다.

너무 큰 목표를 정하면 쉽게 지친다. 다이어트를 할 때 처음부터 5kg을 빼야겠다고 하면 '언제 5kg을 다 빼지.'라고 생각하며 시도하기 전에 포기하게 된다. 반면 '일주일에 500g씩 뺄 거야.'라고 생각하면 쉬워 보인다. '할 수 있는 만큼'은 각자 다르다. 그래서 아이와 함께 정해야 한다는 것이다.

아이가 할 수 있다고 생각하는 것에서 엄마가 하나 더 빼고 규칙을 정하는 것이 서로 좋다. 아이들과 목표를 세우다 보면 스스로 벅찬 목표를 정하는 경우가 많다. 사실 아이가 그 일을 해보지 않아서 목표를 어느 정도까지 정해야 하는지 모르는 경우도 있을 것이다. 그러니 엄마가 아이가 정한 것에서 어느 정도를 줄일 것인지 생각하고 서로 조정하면 된다. 단, 중요한 것은 엄마가 아이가 해야 할 목표를 늘리지 않는 것이다.

다섯째, 규칙이 정해지면 엄마는 그 규칙에 있어서는 단호한 태도를 유지해야 한다. 아이가 힘들어해서 한 번씩 봐주지 않는다. 아이와 지킬 수 있는 범위의 규칙을 정했다. 그것마저 엄마가 물러서면 아이는 변화하기 힘들다.

습관이 형성되는 데는 최소 21일이 걸린다. 최대 66일까지는 계속해서 관심을 갖고 살펴봐야 한다. 엄마는 아이에게 적절한 보상과 단호한 행동으로 아이와 정한 규칙이 습관이 될 수 있도록 해줘야 한다.

아이와 작심삼일을 반복하기를 권한다. 삼일간 실천을 하고 나면 작은 보상을 한다. 그리고 매일매일 아이가 규칙을 지켰다면 크게 격려하고 응원한다. 제일 좋은 방법은 엄마도 그 규칙을 스스로 지켜보는 것이다.

아이는 엄마의 행동을 그대로 따라한다. 어린 아이가 모방행동으로 배움을 시작한다. 주위에 내가 마음에 드는 사람을 그대로 따라 해보고 싶었던 적이 없었는가? 나는 나의 롤 모델을 찾고 그를 따라 하기 위해 그의 저서를 다 읽어본 적도 있다. 그리고 그가 한 행동을 그대로 실천했었다. 아이에게 최고 좋은 롤 모델은 부모다. 부모의 행동을 보며 아이는 많은 것을 배운다. 습관, 태도, 사고방식 모든 것이 그의 부모와 닮아 있다. 엄마는 아이의 거울이다.

원칙을 존중하는 자존감

규칙은 지켜야 하는 거야.
규칙을 잘 지키는 사람은 훌륭한 사람이야.

5장

아이의 미래,
자존감이 결정한다

01 자존감이 높은 아이의 미래는 희망적이다

잠재의식의 임무는 감사로 인정받는 순간 완료된다.
– 이시다 히사쓰구

미래를 희망적으로 본다는 것은 어떤 것일까? 미래에 대해 희망을 갖는 것과 비관을 하는 것은 모두 자기 자신으로부터 시작한다. 눈을 감아보아라. 그리고 집 안에 있는 빨간색 물건을 떠올려보라. 그리고 이제 다시 눈을 떠서 주위를 보면 빨간색 물건만 눈에 들어올 것이다. 생각하는 것, 인식의 힘은 크다. 간단한 물건도 그러한데 인생을 결정하는 데 있어서 스스로 생각하는 방향은 아이의 삶에 큰 영향을 준다. 내 아이는 지금 스스로를 어떻게 바라보고 있을까?

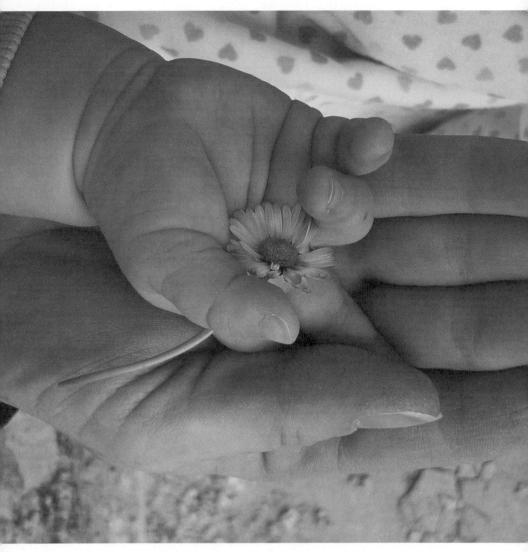

꿈을 꾸는 것은 자신이 그 꿈을 이룰 수 있을 것이라는 확신에서 시작한다.

희망은 살아가는 힘이다

이지선 작가의 『지선아, 사랑해』를 보면 자기 자신에 대해 긍정적인 시선을 갖는 것이 얼마나 중요한지 깨달을 수 있다. 그녀는 교통사고와 그로 인한 화재로 전신에 화상을 입었다. 그녀는 생사의 갈림길에 있었다. 허벅지의 피부 조직을 화상 입은 피부에 이식하는 수술을 몇 차례 반복했다. 그 과정을 견뎌낼 수 있는 힘은 지금의 아픔을 극복할 수 있다는 희망 덕분이었다.

그녀는 자신의 상황을 비관하지 않았다. 그 힘든 과정 속에서도 긍정적인 시선으로 자신을 바라보았다. 아픔과 고통을 웃음으로 승화시키고 지금의 시련에 감사하는 마음을 가졌다. 결국 그녀는 화상을 극복했다. 그리고 그녀는 자신의 경험을 통해 다른 재활 치료하는 사람들에게 좋은 영향력을 주기 위해 UCLA대학원에서 사회복지학을 공부하는 도전을 시작했다. 그녀가 품은 긍정적인 마음이 그녀를 계속해서 도전하게 만들었다. 극한의 상황에서도 자신에 대해 긍정적으로 바라볼 수 있었던 것은 어디에서 나온 것일까? 그녀의 옆에는 그녀를 그녀보다 더 사랑해주는 어머니가 계셨다. 그녀는 화상으로 얼굴뿐 아니라 온몸이 다쳤지만 그 모습까지 사랑하는 마음이 컸다. 자기 자신을 사랑하는 마음, 즉 자존감이 높았기 때문에 시련을 견뎌낼 수 있었던 것이다. 그녀의 오빠도 계속해서 그녀에게 긍정적인 생각을 할 수 있도록 해주었다. 가족의 사랑으로 그녀도 자신을 긍정적으로 바라볼 수 있는 마음이 생긴 것이다.

긍정적인 마음은 감사의 마음으로 이어진다. 감사하는 마음으로 바라보면 아무리 부정적인 상황에서도 희망을 발견할 수 있다. 희망은 살아가는 힘을 준다. 자신을 희망적으로, 긍정적으로 바라보면 자연스럽게 하고 싶은 꿈들이 생긴다. 꿈을 꾸는 것은 자신이 그 꿈을 이룰 수 있을 것이라는 확신에서 시작한다. 자신에 대해 확신이 없는 사람은 그저 살아지는 대로 살게 되고 계속해서 부정적으로 현실을 바라보게 된다.

자존감이 높은 아이가 희망적인 미래를 꿈꾼다

하루는 내가 가르치고 있는 6학년 아이들에게 꿈을 적어보라고 했다. 큰 꿈을 꾸는 것이 좋다고 이야기했다. 하지만 아이들은 자신이 알고 있는 부분에서만 꿈을 적을 수 있었다. 큰 꿈은 지금 내가 이루지 못해도 반드시 이루어낼 것이라 믿는 꿈이다.

J는 일러스트레이터가 되는 것이 꿈이다. 아이가 유튜브를 보며 그리기를 배우고 있다고 했다. 그런데 유튜브에 나오는 사람의 그림과 자신의 그림의 차이 때문에 좌절하고 있었다. "제가 그림을 너무 못 그리는 것 같아요." 하지만 그녀는 반에서 제일 그림을 잘 그릴 뿐 아니라 그림을 그릴 때 가장 행복해 보인다.

나는 J에게 유튜버가 지금 J의 나이였다면 어떤 모습일 것 같은지 물어보았다. J는 지금 자신의 모습과 별 차이가 없을 것이라고 대답했다. 그리고 J에게 그 유튜버의 나이가 된다면 그림 실력이 어떨지 생각해보라고 말했다. 아이는 웃으며 더 잘 그릴 것 같다고 이야기했다.

이미 잘 된 사람과 비교하여 좌절하지 않아야 한다. 그들이 시작한 순간부터 성공하지 않았다는 사실을 알고 나의 서툰 시도를 인정하고 응원해야 한다. 이는 자존감의 핵심으로 지금 나의 현재를 받아들이는 것이다. 현실을 인정하고 그 자리에서 더 크게 될 미래를 꿈꾸는 것이다.

숀 코비 박사는 『성공하는 10대들의 7가지 습관』에서 아이 스스로 긍정적인 사고방식, 즉 긍정적인 패러다임을 갖는 것이 중요하다고 한다. 자기 자신에 대한 패러다임이 어떠한가에 따라 아이의 인생이 달라진다고 한다.

'나는 공부를 못 한다.'
'나는 부모님과 관계가 좋지 않다.'
'나는 운이 없다. 내가 하는 것마다 다 실패한다.'

이런 부정적인 생각으로는 절대 성공할 수 없다. 스스로 부정적인 시선으로 바라보면 자신의 미래에 대해 희망을 품지 못 한다. 그리고 '나는 당연히 안 되는 사람', '못하는 사람'이라고 단정 지어버린다. 이런 사고방식은 아이가 미래를 위해 노력하지 않는 것을 정당화하게 된다.

아이의 패러다임을 바꾸는 방법은 아이의 자존감을 높여주는 것이다.

자존감이 높은 아이는 자신의 미래를 희망적으로 생각한다. 희망을 갖고 도전하고 성취를 한다. 그리고 그 성공을 바탕으로 더 큰 꿈을 꾼다. 꿈이란 고정되어 있는 것이 아니다. 꿈도 계속해서 성장한다. 성인이 되어서도 계속해서 더 나은 자신의 모습을 꿈꾸며 살아가야 한다.

'나는 공부를 잘 한다.'
'나는 부모님과 좋은 관계를 유지한다.'
'나는 운이 좋고 내가 하는 모든 일이 성공할 것이다.'

'희망적인 미래'를 꿈꾸는 것은 자신의 미래에 대해 긍정적인 믿음을 갖고 있는 것이다. '내가 할 수 있다'고 믿을 때 긍정적인 믿음을 가질 수 있다. 그리고 내가 할 수 있다는 믿음은 자존감에서 나온다.

아이가 스스로 어떻게 바라보고 있는지는 세상을 바라보는 시선을 결정하게 된다. 나는 모든 아이들이 자신의 미래를 희망적으로 바라보기를 희망한다. 행복한 어린이들이 자신이 무엇을 해야 하는지 정확하게 알며 자라나는 것을 돕는 것이 나의 소명이다.

그러나 내가 모든 아이들을 만날 수 없다. 유대인들은 하나님을 모두에게 보낼 수 없기 때문에 '어머니'를 보냈다고 한다. 나는 내가 알고 있는 자존감 육아방법을 이 책을 통해 세상에 모든 엄마들에게 전할 것이다. 그리고 계속해서 모든 부모가 행복하고 자존감 높은 아이, 희망을 품은 아이로 키울 수 있도록 계속해서 돕고 싶다.

"나는 파란색 큰 고래가 되고 싶어요."

우리 아이가 처음 말한 꿈이다. 나는 이 대답을 듣고 너무 설레었다. 내 아이가 품은 첫 꿈이라 생각하니 소중하고 감사했다. 물론 어른의 시선으로 보면 비현실적이라고 생각할 수 있다. 하지만 나는 아이가 스스로 되고 싶은 모습을 갖고 있다는 것에 감사했다.

나는 나의 아이가 더 큰 꿈을 꾸게 될 것을 확신한다. 아이가 자라는 만큼 꿈의 크기도 커질 것이다. 부모는 아이의 그 꿈이 커질 수 있도록, 아이가 자신의 미래에 끝까지 희망적일 수 있도록 도와야 한다. 그 방법은 어렵지 않다. 아이를 한 번 더 안아주고 지금의 모습을 인정해주며 사랑한다고 표현해 아이의 자존감을 높여주는 것이다.

희망과 함께하는 자존감

> 너는 운이 좋고 네가 하는 모든 일이 성공할 거야.
> 지금 네가 하는 노력이 더 큰 미래를 만들 거야.

02 아이의 미래, 자존감이 결정한다

자존감은 인생을 살아가는 데 필요한 핵심요소 중 하나다.
자존감은 학업뿐 아니라 삶의 거의 모든 영역에 영향을 준다.
－조세핀 킴

아이의 자존감은 아이가 미래를 위해 한 단계씩 성장할 수 있는 힘을 준다.

'인생은 한 방이다!'라고 생각하는가? 최근 많은 사람들이 대박 성공을 꿈꾼다. 그리고 인생 역전은 언젠가 다가올 큰 기회로부터 이루어진다고 생각한다. 하지만 로또에 당첨된 사람들의 대다수가 그 전보다 더 실패한 삶을 살고 있는 것을 보면 한 방을 노리는 것은 잘못된 방법이다.

성공한 사람들은 처음부터 성공을 한 것이 아니다. 그들은 현재 위치에서 자신의 능력을 믿고 하나씩 하나씩 이루어간 사람들이다. 마찬가지로 내 아이의 미래도 한 번의 큰 성장으로 이루어지는 것이 아니다. 조금씩 작은 성공을 반복하며 스스로 성공하며 스스로에 대한 믿음을 갖고 자존감을 키우는 방향으로 흘러가야 한다.

천재적인 물리학자 아인슈타인은 어린 시절에는 두각을 나타내지 못하였다. 그의 초등학교 담임선생님은 그에 대해 '무엇에든 성공 가능성이 희박하다.'라고 말했다. 그가 어린 시절 말도 잘 못하고 발달이 느렸기 때문이다. 하지만 그의 어머니는 그를 계속해서 격려했다.

"너는 다른 사람이 갖지 못한 것을 가졌단다."

아인슈타인은 자신이 가진 재능을 믿었다. 그리고 현재의 모습에 좌절하지 않고 계속해서 노력했다. 그 결과 상대성이론을 발견한 위대한 과학자가 되었다. 어린 시절 아인슈타인이 가능성이 없다고 말한 선생님의 말을 엄마의 믿음과 격려로 극복한 것이다.

아인슈타인의 부모는 다른 아이들과 비교하지 않고 아인슈타인의 개성과 잠재력을 믿었다. 그의 부모는 그의 자존감을 길러주었다. 그리고 그 자존감이 그를 위대한 과학자의 삶을 살게 해주었다. 자존감은 아이 스스로 현재 능력보다 더 나은 미래의 모습이 있다는 생각을 갖게 한다.

그리고 그 생각은 아이를 행동하게 만든다.

아이의 자존감은 아이가 미래를 위해 한 단계씩 성장할 수 있는 힘을 준다. 한 번에 성공한 사람들은 없다. 모두 안 보이는 곳에서 도전하고 노력하고 실패하고 다시 도전하고 노력하는 과정을 반복하는 것이다. 성공한 사람은 이 과정을 다른 사람보다 더 많이 겪어 성공하는 것이다.

시련에도 재미를 느끼며 도전하는 용기는 부모로부터 시작한다

인생에서 한 번도 실패를 해본 적 없는 사람은 아주 작은 것에도 좌절하게 된다. 그러나 실패를 해야 배움이 있다. 그리고 그 배움이 모여 성공이 되는 것이다. 아이들에게 쉬운 문제와 어려운 문제를 주면 대부분 아이들은 쉬운 문제를 선택한다. 하지만 쉬운 문제와 어렵지만 재미있는 문제를 주었을 때는 반응이 다르다.

쉬운 문제를 선택하던 아이가 어렵지만 재미있는 문제를 선택하는 것이다. 어려움보다는 재미를 중요하게 생각하는 것이다. 이는 다시 말해 어려움도 재미있다면 극복할 수 있다고 생각하는 것이다. 아이에게 난관을 극복할 수 있는 힘은 스스로 재미를 찾는 것이다. 자신이 좋아하는 일을 찾은 아이들은 어떤 시련이 와도 이겨낼 수 있다.

스스로 재미있는 일, 좋아하는 일을 찾는 것 역시 자존감에서 시작한다. 자신이 좋아하는 일이 무엇인지 명확하게 알고 있다. 아이가 좋아하는 일을 찾는 것, 그리고 시련에도 재미를 느끼며 도전하는 용기는 부모로부터 시작한다. 부모가 아이를 격려하는 것이다. 아이는 자라면서 수많은 난관을 만난다. 그 난관 앞에서 부모가 '너는 할 수 있어.'라고 이야기해주면 아이는 자신감을 갖고 해나간다.

아이에게 어린 시절 긍정적인 경험을 할 수 있도록 해주자. 그리고 아이가 스스로 굳건한 자존감으로 자기 스스로 격려하며 나아갈 수 있을 때까지 부모가 격려해줘야 한다. 부모가 아이를 존중하며 기다려줘야 한다. '해냈구나.'라는 한 마디를 해줄 수 있어야 한다. 그 한 마디에 아이의 미래가 달라진다.

『어머니, 저는 해냈어요』의 저자 김규환 명장은 도전의 아이콘이다. 그는 강원도 평창 시골에서 태어나 어머니 약값을 벌기 위해 무작정 서울로 온 사람이다. 그는 포기를 몰랐다. 그리고 그가 도전한 일은 무수히 많이 실패해도 끝까지 도전하며 마침내 성공하게 만들었다.

그는 대우중공업에 입사하여 처음에는 기계를 청소하는 역할을 맡았다. 그는 기계를 정말 깨끗하게 청소하겠다는 마음에 기계를 조립할 줄도 모르면서 기계를 다 뜯어 비누칠을 하여 닦았다. 기억을 더듬어 기계를 조립하고 작동을 시켰는데 펑 소리와 함께 기계가 멈춰버렸다.

그는 그 순간 갖가지 생각이 다 들었다고 한다. 도망칠까? 잘못했다고 빌까? 그러나 그는 도망치지도 용서를 구하지도 않았다. 그는 기필코 해

부모가 아이의 말을 진심으로 존중해주면
아이의 자존감은 높아진다.

내겠다는 의지를 갖고 기계를 다시 조립했다. 다른 직원들이 오기 직전 그는 기계 조립에 성공했다. 그리고 다른 직원들의 찬사를 들었다.

김규환 명장은 5대 독자로 어머니와 아버지의 사랑을 받고 자랐다. 그가 농사에 필요한 아이디어를 내면 그의 아버지는 아이의 말을 그대로 따랐다. 아이의 말이라고 무시하지 않고 존중해준 것이다. 아버지의 이런 태도로 그는 자존감이 매우 높은 사람으로 자랐을 것이다.

자존감이 높은 아이는 쉽게 포기하지 않는다. 포기하고 싶은 마음이 들 때에도 '나는 포기할 수 없어. 나는 반드시 해낼 수 있어.'라고 생각한다. 그리고 끈기 있게 그 일을 해나간다. 끈기 있게 하다 보면 성공은 노력하는 사람에게 길을 만들어준다.

부모가 아이의 말을 진심으로 존중해주면 아이의 자존감은 높아진다. 그리고 그 경험은 훗날 아이가 커서 사회생활을 할 때에도 가장 단단한 버팀목이 될 것이다. 그 버팀목은 부모가 얼마든지 만들어줄 수 있다. 아이를 힘을 주어 안아주자. 그것만으로도 아이의 자존감이 높아진다. 아이들은 부모로부터 사랑받으면서 스스로를 사랑하게 되기 때문이다.

하고자 하는 의지가 있다면 무엇이든 할 수 있다. 중요한 것은 아이가 어떤 일을 하며 살 것인가가 아니다. 아이가 어떤 마음으로 살아가느냐가 더 중요하다. 무엇이든 목숨 걸고 노력하면 안 되는 일이 없다.

아이의 미래는 아이의 자존감이 결정한다. 미래에 대한 확고한 믿음은 자존감에서 나온다. 그리고 자존감은 현재의 상황을 극복하고 성장할 수 있도록 도와준다. 그리고 자존감은 아이의 인생 모든 영역에 영향을 주어 성공한 미래를 살아가게 할 것이다.

스스로 사랑하는 자존감

너는 너야!
더는 다른 사람이 갖지 못한 것을 가졌어.

03 엄마가 변하면 아이의 자존감도 변한다

서둘지 마라 그러나 쉬지도 말라.

−괴테

따뜻한 말을 듣고 자란 아이가 자존감이 높다

나의 자존감을 높여준 사람은 우리 아이였다. 어느 날 아이를 카 시트에 태워주고 있었다. 그건 아이와 차를 타고 갈 때마다 항상 해야 하는 일이었다. 나는 당연히 해야 하는 일을 하고 있었는데 이제 막 말을 시작한 아이가 나에게 말한다.

"엄마, 최고예요. 고마워요."

갑자기 이 순간에 아이와 나만 있는 느낌이 들었다. 그리고 가슴이 뭉클했다. 나는 아이로부터 깨달았다. 애정이 담긴 감사의 말이 얼마나 큰 힘이 되는지를. 아이가 알고 있는 단어는 몇 개 안 되지만 그중에 가장 예쁜 말을 나에게 해준 것이다. 그리고 그 마음이 느껴진 순간 내가 아이에게 '괜찮은 엄마구나.'라는 생각이 들었다.

그리고 그 순간 또 나는 아이에게 미안해졌다. 나는 아이에게 따뜻한 말을 했을까? 말에도 온도가 있다. 똑같은 말이어도 어느 순간에 사용하는가에 따라 말의 온도가 달라진다. 내 아이가 나에게 해준 말처럼 나도 아이에게 따뜻한 말을 해야겠다고 생각했다.

같은 마음이라도 어떻게 표현하는지에 따라 말의 온도가 달라진다. 내가 아이라면 어떤 온도의 말을 듣고 싶은가? 누구나 따뜻한 말을 선호할 것이다. 그리고 따뜻한 말을 듣고 자란 아이가 정서적으로도 건강하게 자란다.

어제보다 나은 오늘을 만들자는 생각으로 노력하는 엄마가 되자

내가 엄마로서 성장해온 것은 반성하는 습관 덕분이다. 나도 아이에게 감정적으로 화를 내는 날도 있고 스스로 자책하는 날들도 많다. 하지만 나는 자책에서 끝내지 않았다. 나는 내 행동을 반성하고 더 나은 사람이 되기 위해 노력했다.

어제보다 나은 오늘을 만들자는 생각으로 하나씩 노력했다. 좌절하지 않고 포기하지 않았다. 하나씩 더 배우고 더 적용해서 내 아이가 바르게 성장할 수 있도록 했다. 내 아이 뿐만 아니라 내가 만나는 모든 어린이들, 그들의 부모가 행복할 수 있도록 배우고 적용하고 나를 끊임없이 성장시킨다. 그리고 나의 변화는 아이들에게 바로바로 적용이 되었다. 놀랍게도 내가 어떤 모습으로 대하는지에 따라 아이들도 반응이 달라졌다. 나는 엄마의 변화가 아이를 변화시킨다고 믿는다. 내가 경험으로 깨달았기 때문이다.

엄마가 변하는 시간은 지금 당장이 되어야 한다. 내 아이가 학교에 가 있다면 지금 바로 문자를 보내보자.

'엄마 딸 혹은 아들로 태어나줘서 고마워, 사랑해.'

무엇이든 아는 것보다 실천하는 것이 더 중요하다. 그리고 지금은 내 아이를 위해 실천해야 하는 때이다. 이 간단한 한 줄을 이야기하는 것이 시작이다. 시작을 한 사람은 이미 더 성장한 엄마가 되었다. 축하한다. 앞으로 실천하는 엄마 곁에서 자존감 높은 아이로 성장할 것이다. 혹시 아이들의 반응이 어땠는지 나에게 문자로 알려주기 바란다. 나도 함께 그 변화를 응원할 것이다.

엄마와의 상호작용에 의해서 아이의 성장이 이루어진다

나는 내 아이가 나에게 갑자기 고맙다고 말해주었을 때 느낀 기분을 다른 부모도 느꼈으면 좋겠다고 생각했다. 내 아이가 나를 칭찬하고 사랑을 표현할 때의 감동은 매우 오래갔다. 나의 자존감도 키워주었다. 나는 그 마음이 전해지길 바라는 마음에 내가 가르치는 학생들과 함께 매년 5월마다 부모님 칭찬하기 프로젝트를 한다.

이 프로젝트는 비밀리에 부모님을 칭찬하고 부모님께 사랑을 표현하는 것이다. 이 비밀 프로젝트가 진행되는 과정이 재미있다. 처음에는 그 반응이 냉소적이다. '너 뭐 잘못 먹었니?'부터 시작하는 부모들이 많다. 하지만 점차 '사랑한다', '너도 최고다.'라고 말한다. 프로젝트의 결과는 사랑과 감사를 담아 편지를 쓰는 것이다. 아이들의 편지를 받고 많이 좋아하신다. 그리고 울면서 아이를 안아주시는 분들도 많았다.

나는 이 프로젝트를 통해 두 가지를 얻기를 바랐다. 하나는 부모와 아이의 관계를 개선하는 것이다. 아이는 숙제하기 위해 부모를 관찰하고 칭찬할 것을 찾는다. 사람 사이에 관계를 회복하는 첫 걸음은 서로에게 관심을 갖는 것이다. 부모에게 관심을 갖고 다가가며 스스로 마음을 열 수 있는 기회를 주는 것이다.

많은 아이들이 "엄마가 좋아하시는 모습을 처음 본 것 같아요."라고 이

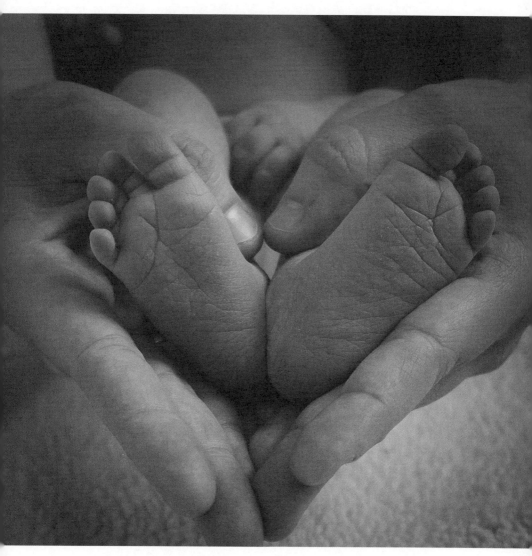

부모의 자존감이 높아지면 아이의 자존감은 저절로 높아진다.

야기한다. 아이들은 받는 것에 익숙하기 때문에 한 번쯤은 먼저 손 내미는 기회를 갖는 것도 좋다고 생각한다.

또 다른 하나는 아이의 칭찬과 사랑의 말을 통해서 부모의 자존감을 높이기 위해서다. 어른이 되면 다른 사람에게 칭찬과 감사의 말을 듣는 기회가 점점 적어진다. 그리고 세상살이에 지쳐가며 내 모습이 초라해 보이기도 한다. 자존감이 낮아지는 것이다. 부모의 낮은 자존감은 아이의 자존감에도 영향을 미친다.

아이에게 듣는 사랑과 칭찬의 말로 부모는 아이와의 관계도 다시 다지고 스스로의 자존감을 높여 아이에게 자존감을 키울 수 있는 기회를 많이 제공한다. 이 프로젝트 이후에 꾸준히 서로에게 사랑을 표현하는 가족으로 확인한 결과다.

이 책을 보고 배운 점들을 삶에 적용한다면 이런 프로젝트의 도움 없이도 엄마의 자존감과 아이의 자존감을 키울 수 있을 것이다. 나는 부모의 자존감이 높아지면 아이의 자존감은 저절로 높아진다고 생각한다. 결국 엄마와의 상호작용에 의해서 아이의 성장이 이루어진다.

부모로부터 아이의 자존감이 결정된다

이 세상에 정답은 없다. 하지만 내가 할 수 있는 가장 최선의 노력은 반드시 존재한다. 부모는 아이에게 가장 좋은 롤 모델이 되어야 한다. 조선 중기 천재적인 대학자인 율곡 이이도 훌륭한 어머니 신사임당이 계셨다. 율곡 이이도 어머니에게서 배움을 시작했다.

위인들의 자서전을 보면 가장 존경하는 인물로 그의 부모를 말하는 경우가 많다. 부모는 아이에게 좋은 모델이 되어야 한다. 아이들은 부모의 말보다는 행동에서 더 많은 것을 배운다. 유아기 아이들은 부모의 행동을 그대로 따라한다. 때론 말없이 보여준 행동에 더 자극을 받기도 한다.

위인들의 부모가 사회적으로 성공한 사람이든가, 높은 위치에 오른 사람이라서 그들을 바르게 키운 것이 아니다. 칼 비테의『칼 비테 교육법』에서도 평범한 아버지의 위대한 자녀 교육에 대해 이야기한다. 이미 자녀를 16세에 법학 교수로 키웠다. 나는 이 책을 읽고 이미 그의 아버지는 평범하지 않다고 느꼈다. 그러나 그가 스스로 16세에 법학 교수가 된 것은 아니었다. 방향과 방법을 정확하게 안다면 아이를 부모보다 더 훌륭하게 키울 수 있다.

그 방법으로 중요한 것은 부모가 먼저 행복해야 하고 독서, 인문, 예술, 자연, 나눔을 통해 인생을 살아가는 즐거움을 느끼고 아주 어렸을 때부터 아이에게 가르쳐야 한다는 것이다. 부모가 먼저 행복을 느끼고 세상을 살아가는 즐거움을 깨달아야 한다는 것이다. 부모가 되어 깨달으면 내 아이는 나보다 더 성공한 사람으로 키울 수 있다. 그리고 그 과정에서 부모도 지금보다 더 크게 성장할 것이다.

엄마가 변하면 아이가 변한다. 엄마와의 상호작용을 통해 아이의 자존감은 얼마든지 성장할 수 있다. 그리고 엄마도 스스로 성장하게 된다. 엄마의 자존감도 높아진다. 엄마가 먼저 행동해야 한다. 아이가 변화되기만을 바라고 있다면 아이는 변화하지 않는다. 나의 행동을 보고 배울 내 아이를 위해 오늘도 어제보다 한 걸음 더 성장하는 엄마가 되자.

아이의 자존감을 높여주는 엄마의 한 마디 34

엄마와 함께하는 자존감

사랑해.
괜찮아! 다시 해보자.

04 자존감은 성공리더의 필수 조건이다

무슨 일이든 할 수 있다고 생각하는 사람이 해내는 법이다.
– 정주영

2016년 이세돌 9단과 바둑프로그램 알파고의 세기적인 바둑 대결에서 알파고가 승리했다. 이 대결은 우리에게 많은 것을 생각하게 했다. 또 우리가 아이들이 살아갈 세계는 인공지능과 함께 해야 한다는 것을 알 수 있었다. 이미 4차 산업이 시작되었다고 한다. 지금도 그렇지만 앞으로 우리 아이들은 새로운 환경에 적응하며 살아가야 한다.

컴퓨터를 잘 다루는 것만이 중요할까? 4차 산업 시대를 살아가는 내 아이를 위해 부모는 무엇을 해주어야 할까? 부모는 내 아이가 이런 미래

사회에 맞춰 살아갈 수 있기를 바란다. 그리고 성공적인 리더로 살아가기를 희망한다. 4차 산업 시대에 필요한 리더는 어떤 인재를 말하는 것일까?

높은 자존감을 가진 리더가 필요하다

이제 우리 사회에서 필요한 리더는 우선 자존감을 바탕으로 자신의 무한한 잠재력을 깨닫고 스스로 꿈을 이뤄가야 한다. 그리고 그 과정을 통해 다른 사람에게 선한 영향력을 미치고 다른 사람의 태도를 변화시켜주는 사람이어야 한다.

스티븐 코비의 『리더 인 미』에서 리더를 다음과 같이 정의했다.

'자신의 내면에 무한한 잠재력이 있으며 이를 깨닫고 스스로 꿈을 만들어갈 수 있고 단단한 나를 바탕으로 공동체 안에서 훌륭한 역할을 하는 사람이다.'

자신의 무한한 잠재력을 깨달을 수 있는 힘은 자존감에 있다. 스스로 가치 있는 사람이라고 믿는 것은 자신의 잠재력에 대한 믿음이 있는 것이다. 그리고 그 믿음으로 새로운 일들에 도전을 해 간다. 자존감이 높은 사람들은 실패를 해도 포기하지 않는다. 실패를 이겨내는 내면의 힘이 있기 때문이다.

이끌어준다는 것은 뒤에서 밀어 준다는 뜻이기도 하다.

자신을 따르는 사람을 공감하고 격려하고 모두가 다 성공할 수 있도록

하는 것이 리더의 자질이다.

자존감이 낮은 리더는 다른 사람에게 선한 영향력을 주지 못 한다. 경쟁의 관계라고 생각하여 정보를 숨기거나 자신보다 더 성공하는 것을 바라보지 못 한다. 반면 자존감이 높은 사람은 다른 사람의 성공에도 진심으로 축하한다. 성공은 다른 사람과 늘 함께해 나가야 하는 것이라 생각하기 때문이다.

다른 사람과의 관계를 만들어가는 것은 리더로서 중요한 자질이다. 이끌어준다는 것은 뒤에서 밀어준다는 뜻이기도 하다. 자신을 따르는 사람을 공감하고 격려하고 모두가 다 성공할 수 있도록 하는 것이 리더의 자질이다.

협력은 서로에 대한 신뢰와 공감에서 시작된다. 4차 산업 시대에는 무엇보다 협력, 즉 다른 사람과의 관계가 중요하다. 나는 이미 공감을 받고 자란 아이가 자존감이 높다고 말했다. 그리고 공감 받은 아이가 다른 사람과의 의사소통에서 공감을 하며 대화할 수 있다. 리더의 필수 요건 중 한 의사소통 능력을 갖추어 다른 사람들과 관계가 잘 형성된다.

성공한 리더로 자라게 하는 다섯 가지 방법

아이들의 자존감을 높이면 성공한 리더로 살아갈 수 있다. 아이들을 성공한 리더로 자라게 하는 다섯 가지 방법이 있다. 아이들 스스로 다섯 가지 방법을 실천할 때 스스로 자신을 이끄는 셀프리더가 될 수 있다. 뿐만 아니라 다른 사람들을 이끄는 성공한 리더가 될 수 있다.

첫째, 스스로 주도적으로 살아가는 것이다. 부모에 의해서, 다른 친구에 의해서 행동하는 것은 주도적이지 못한 삶을 사는 것이다. 주도적으로 살아갈 때 리더가 될 수 있다. 주도적으로 살아간다는 것은 스스로 해야 할 일을 선택할 수 있고 계획할 수 있는 것이다. 그리고 자신의 행동에 책임을 질 수 있는 것이다.

다른 사람을 이끌기 전에 스스로를 완벽하게 관리해야 한다. 그러면 자연스럽게 타인이 따르는 사람이 된다. 아이가 스스로 완벽하게 관리하는 첫 시작은 목표를 설정하고 해야 할 일을 작성하는 방법이다. 시간 관리를 시작으로 주도적으로 살아가는 연습을 할 수 있다.

둘째, 이미 성공한 모습을 생각하며 시작한다. 이미 이루어진 내 모습을 상상하는 것이다. 이지성 작가의 『꿈꾸는 다락방』에서는 생생하게 상상하기를 강조한다. 생생하게 상상하면 이루어지는 것이다. 아주 간단한 방법이다. 그저 내 성공을 믿고 내가 원하는 모습을 이미 이루어졌다고 시각화하면 된다.

현대 그룹의 회장이었던 정주영 회장님도 매일 새벽 일어나자마자 큰 성공을 상상했다고 한다. 정주영 회장님은 아무것도 없는 시골 아이였지만 우리나라에서 손꼽히는 그룹을 세우셨다. 그의 힘은 상상하는 능력이지 않을까? 내 아이도 상상하는 힘을 통해 성공할 수 있다.

셋째, 모두의 성공을 생각한다. 나도 성공하고 너도 함께 성공하는 사람이 진정으로 성공한 사람이라고 생각한다. 다른 사람과 경쟁하던 시기는 끝났다. 이제 함께 성공하는 길을 찾아야 한다. '협력'이 중요하게 떠오른 키워드다.

학교에서도 협동학습을 강조하고 있다. 협동학습을 잘하는 방법은 의사소통을 잘 하는 것이다. 부모와의 대화에서 의사소통이 잘되는 아이들은 친구들과 대화할 때에도 일방적으로 이야기하지 않는다. 협력하는 의사소통에서는 공감하고 경청하는 태도를 갖는 것이 필요하다. 이를 바탕으로 모두가 윈윈하는 방법을 찾아 실천해야 한다.

넷째, 계속해서 도전한다. '성공하는 그룹의 리더는 사실 편하다. 리더가 리더로서 자질을 발휘해야 하는 순간은 속한 그룹이 실패한 경우다. 실패를 했을 때 사람들을 격려하는 것은 중요하다. 그리고 그 실패에서 포기하지 않고 새로운 도전을 할 수 있는 것은 리더의 역량이 크다.

실패를 인정하고 그 실패에서 원인을 찾는다. 그리고 그 원인을 바탕으로 새로운 도전을 준비하는 것이다. 리더는 실패 속에서도 좌절하지 않고 더 큰 꿈을 세워 계속해서 도전하는 사람이다.

다섯 번째, 독서하는 습관을 갖는다. 에디슨이 학교에서 퇴학을 당한 뒤 그의 어머니는 그에게 책을 읽어주기 시작했다. 그리고 에디슨은 근처 도서관에 있는 책을 모두 다 읽었다고 한다. 책 읽기는 성공한 사람들의 필수 습관이다.

내 아이가 책을 읽는 습관을 잘 만들어줘야 한다. 책 속에는 지식, 지혜, 경험, 철학이 녹아 있다. 책을 읽고 그 지혜를 내 삶에 적용해보는 것은 누구에게나 필요한 습관이다. 그리고 내가 가장 강조하고 싶은 습관이다.

아이는 이미 성공한 리더다

성공한 리더는 무엇보다 자기 스스로 리더가 된 사람들이다. 내 아이 안에 이미 리더가 있다. 그리고 그 리더는 얼마든지 꺼낼 수 있다. 내 아이의 잠재력을 믿어보기 바란다. 아이들에게는 각각 스스로를 이끌 힘이 이미 들어 있다. 부모가 그 아이의 온전한 모습으로 살 수 있도록 도와주면 된다.

성공한 리더들의 자존감은 높을 수밖에 없다. 스스로를 존중하고 믿는 것은 리더가 되는 필수요건이다. '셀프리더'는 스스로 더 성공하기 위해 자기 자신을 관리하고 자기 자신에게 격려와 응원을 하는 사람들이다. 이런 셀프리더 옆에는 그를 따르려는 사람들이 많다. 내 아이의 자존감을 높여주면 스스로 셀프리더로 성장할 것이다.

리더는 자존감이 높다

서로를 믿고 함께 하면
뭐든지 할 수 있어!

05 아이의 자존감은 독립심과 이어진다

아이들이 무엇을 할 수 있는지 확인해보고 싶다면
주는 것을 멈추어 보면 된다.
– 노먼 더글러스

"선생님, 저는 캥거루족으로 살면 행복할 것 같아요."

국어시간, 행복의 조건을 이야기하는 중에 한 어린이가 행복하려면 어떻게 살아가야 하는지에 대한 질문에 다음과 같이 대답했다. 캥거루족은 신조어다. 캥거루는 새끼가 태어나고도 계속 주머니에 넣어 키운다. 아기 캥거루는 다른 동물들처럼 독립하여 살아가지 못한다.

이런 캥거루의 특성을 바탕으로 만들어진 캥거루족이라는 단어는 성인이 되어 독립해야 할 사람이 독립하지 못한 것을 말한다. 경제적으로 정신적으로 독립해야 하는 성인이 계속해서 부모의 품에서 살고 있는 것을 일컫는다.

성인이 된 자녀가 경제적으로 독립하지 못하고 계속해서 내가 보살펴주기를 바라면 어떨까? 혹시 내가 그들의 부모라면 어떤 마음이 들까? 최근 대학교 성적에 대한 항의를 할 때 학생이 아닌 학부모의 전화를 받는다고 한다. 심지어 회사에 입사해서 다니고 있는데 상사에게 대신 전화를 해주는 부모가 있다고 한다.

아이가 독립적으로 살아가는 방법을 배워야 한다

나는 부모가 아이들이 자라서 성인이 된 후에는 스스로 독립해서 살아갈 수 있도록 키워야 한다고 생각한다. 아이는 부모를 통해 자라지만 부모와는 분리되어야 하는 독립된 존재다. 그러므로 아이 스스로 삶을 주체적으로 살아갈 힘을 어렸을 때부터 키워줘야 한다. 즉, 부모는 아이를 독립적으로 키울 수 있는 양육태도를 가져야 한다.

아이에게 무조건적으로 헌신을 하는 엄마가 있다. 그녀의 삶은 온통 아이에게 초점이 맞춰져 있다. 그래서 아이가 해야 할 일들에 관심을 갖고 아이의 스케줄대로 하루를 살아간다. 아이의 모든 것을 엄마가 다 해주었다. 아이를 위하는 마음에 뭐든 다 대신해주는 부모의 양육 태도는 아이를 의존적으로 키우게 된다.

부모가 다 해주면 그 순간 엄마로서 '잘못된 뿌듯함'을 느낄 수 있다. 잘못된 뿌듯함이라는 말은 부모로서 느끼는 뿌듯함과 성취감의 방향이 잘못 되었다는 말이다. 아이에게 기회를 주고 아이가 스스로 해나가는 과정을 바라보고 그 결과에 성취감을 느끼는 것이 중요하다. 엄마로서 보람과 행복을 아이의 성공을 통해 간접적으로 느껴야 한다.

엄마가 모든 것을 다 해주어 의존적으로 키워진 아이는 성인이 되어서도 스스로 선택하고 책임지는 일을 제대로 하지 못한다. 오랜 시간동안 엄마가 해주는 그 틀 안에서 편안하게 살아왔기 때문이다. 그래서 조그만 시련이 와도 부모에게 의지하려 한다.

자존감이 주체적인 선택을 하게 한다

우리 어머니는 엄격한 분이셨다. 그리고 사업을 하심에도 불구하고 우리의 학원 스케줄에 맞춰 픽업을 해주셨다. 우리가 배우는 데 혹은 살아가는 데 필요한 것들이라면 뭐든 다 도와주셨던 것 같다.

어머니는 날 의존적으로 키우셨다. 사실 자라는 동안에는 내가 의존적으로 컸는지 몰랐다. 단순히 어머니가 많은 것을 통제하셨지만 그저 어머니 성격이 강하셨기 때문에 그런 거라고 생각했다. 게다가 어머니가 나를 사랑하고 있다는 확신도 있었다.

아이에게 기회를 주고 아이가 스스로 해 나가는 과정을 바라보고
그 결과에 성취감을 느끼는 것이 중요하다.

하지만 나는 굉장히 의존적인 사람으로 자라났다. 의존적으로 자란 나는 어른이 되어서도 나 스스로 선택을 해야 하는 경우에도 다른 사람의 의견에 전적으로 따랐다. 그리고 나의 일임에도 불구하고 다른 사람이 선택해주기를 기대하고 있었다. 나는 아이를 위해 결정을 내려야 할 때도, 가족이나 타인에게 조언을 구했다. 그마저도 모자라 인터넷 커뮤니티에 나의 고민을 올리고 더 많은 사람이 선택하는 쪽으로 결정하기도 했었다. 나는 이런 내 모습이 마음에 들지 않았다.

나는 아이를 키우며 내가 우리 어머니의 틀에서 벗어나지 못 한다는 것을 깨닫게 되었다. 하지만 계속해서 스스로 결정하는 것을 미룰 수 없었다. 내가 나의 틀을 깨고 독립적으로 생각하기 시작했다. 내가 나 스스로를 귀하게 여기고 존중하며 주체적으로 선택하는 시도를 하게 되었다. 나에게 있어 아이를 키우는 과정은 나를 다시 한 번 키우는 과정이었다. 내가 선택을 하고도 후회하는 순간들도 많았다. 하지만 중요한 것은 내가 하나씩 선택해서 실패도, 성공도 모두 다 내가 책임져가면서 점점 독립적인 사람이 되어갔다는 것이다.

나는 이제 선택하는 것이 두렵지 않다. 나만의 기준이 생기고 그 기준에 맞춰 선택을 한다. 물론 내가 하는 일이 다 성공하지 않는다는 것도 안다. 그리고 실패할 경우에는 플랜 B를 만들어 그걸 시도하면 된다는 것을 알게 되었기 때문이다.

독립적이라는 것은 내가 나로 주체적으로 살아갈 수 있다는 말이다. 나에게 가장 중요한 것이 무엇인지 알고 있을 때, 나는 스스로 선택을 해나갈 수 있었다. 나는 스스로를 위해 선택을 하며 내가 하는 선택이 옳은 선택들뿐이라는 것을 알게 되었다.

선택이라는 것은 주관적이다. 누구도 다른 사람의 선택을 대신해줄 수 없다. 그리고 그 선택의 기준은 스스로만 알 수 있다. 나는 나에 대한 믿음이 생겼다. 나에 대한 믿음은 점점 자라서 '내 선택이 옳다.'라는 생각을 하게 되었다. 난 나 스스로 나의 가치를 과거보다 높게 생각하고 있다. 자존감이 향상된 것이다.

아이에게 기회를 줘야 한다

아이에게 선택을 하고 성공이든 실패든 스스로 책임을 져봐야 독립적으로 자랄 수 있다. 아이에게 작은 시련을 스스로 선택해서 극복해볼 수 있는 기회를 주는 것이 필요하다. 시련이 아이를 단단하게 해준다. 독립적으로 클 수 있도록 해준다. 독립이라는 것은 자립이다. 스스로 문제 상황을 해결하고 살아갈 수 있게 하는 것이다.

하지만 독립적인 사람도 처음부터 뭐든지 스스로 선택하고 살아가는 것은 아니다. 아이를 독립적으로 키워야 한다고 해서 모든 것을 스스로 하게 두어서는 안 된다. 처음엔 부모와 함께 해야 한다. 그리고 충분히 혼자서 할 수 있도록 연습을 시켜줘야 한다.

아이가 처음 옷을 입을 때 팔이 들어가는 소매 부분에 다리를 넣었던 적이 있다. 처음에 아이는 잘 모른다. 그렇기 때문에 친절하게 설명해주어야 한다. 옷의 모양을 함께 살펴본 후 팔을 넣는 시범을 보여준다. 그런 후 같이 팔을 넣어본다. 몇 번 같이 하다 보면 아이 스스로 할 수 있는 시기가 온다.

엄마는 아이에게 얼마든지 '독립경험'을 만들어줄 수 있다. 독립경험은 실패든 성공이든 부모의 따뜻한 격려와 응원이 뒷받침되어야 한다.

독립적인 아이는 자존감이 높다. 자존감이 높기 때문에 독립적일 수 있다. 아이의 자존감은 아이가 독립적으로, 주체적으로 살아가는 데 필요한 필수적인 요건이다. 자존감이 높은 아이가 스스로 선택을 잘 하고 그 선택에 책임까지 질 수 있는 것이다.

'넌 올바른 선택을 했어! 자신감을 가져!'

혼자 서는 자존감

넌 잘 선택했어.
스스로를 믿고 계속 가면 돼.

06 자존감은 아이의 운명을 바꾸는 결정적인 열쇠다

원하는 모습이 이미 되었다는 것을 사실로 받아들이십시오.
그 마음가짐 속에서 걸으시면 그것들은 현실로 드러날 겁니다.
— 네빌 고다드

자존감은 내가 살아가는 세상을 어떤 시각으로 보는지를 결정한다

영화 〈겨울왕국〉의 주인공 엘사는 눈을 만드는 신비한 능력을 갖고 있다. 그녀의 부모는 그녀가 손 대는 것들이 얼음이 되어버리는 능력을 걱정한다. 다른 사람들이 알지 못하게 왕궁을 걸어 잠근다. 그리고 그녀에게도 자신의 능력을 절대 다른 사람에게 보이지 말라 이야기한다.

자신을 숨기는 것을 강조한 부모에게서 그녀는 자존감이 자랄 수 없었다. 그녀는 자신을 드러내지 못해 좌절했고 결국 자신만의 왕국을 찾아

떠난다. 만약 그녀의 부모가 재능을 인정하고 다름까지 특별하게 여겨 주었다면 그녀가 외톨이라고 슬퍼했을까? 스스로를 보여주지 않기 위해 노력하며 인생을 허비하지 않았을 것이다. 그녀는 그녀의 동생의 사랑으로 새로운 자신의 모습에 눈을 뜨게 된다. 그리고 그녀를 찾아온 여동생으로부터 진정한 사랑을 느끼고 자신의 능력을 새롭게 쓰게 된다.

우리 주변의 사람들도 어린 시절 낮았던 자존감으로 평생을 살아가는 사람들이 많다. 어른이 되어도 자신의 재능을 깨닫지 못하고 살아가고 있다. 나 역시 어린 시절 낮은 자존감으로 힘든 시절을 보냈었다. 나는 항상 코가 마음에 들지 않았다. 낮은 것 같고 너무 동그란 것 같았다. 자존감이 낮았던 때에는 내 얼굴에서 유독 안 좋은 점들만 보였었다.

나를 사랑하고 내가 나를 존중해주며 자존감이 높아졌다. 자존감이 높아지면서 나는 내 얼굴이 마음에 들기 시작했다. 나는 나의 얼굴을 다시 살펴보게 되었다. 아주 미인은 아니지만 내 마음에 쏙 들었다. 나는 내 얼굴이 좋아졌다.

살이 빠진다고, 성형을 한다고 내가 예쁘게 보이는 것은 아니다. 나의 마음이 나를 예쁘게 보이게 만든 것이다. 자존감은 이처럼 모든 것에 영향을 준다. 아이가 자기 자신을 어떻게 생각하고 있는지를 알고 그 생각을 바탕으로 삶이 바뀌게 된다.

자존감은 내가 살아가는 세상을 어떤 시각으로 보는지를 결정한다. 내가 우울했을 때 세상은 온통 회색빛이었다. 나는 어떤 희망도 느끼지 못했었다. 자존감이 높아지면서 나는 세상을 다르게 볼 수 있는 시각을 가지게 되었다.

자존감은 인생을 살아가는 꿈과 비전을 만들게 해준다

난 나 스스로 세상의 모든 엄마들이 행복한 육아를 할 수 있도록 돕겠다는 비전을 가지면서 자존감이 높아졌다. 그 비전을 실천하기 위해 나 스스로 노력을 시작했기 때문이다. 인생이 불행한 사람은 '가난해서', '학력이 좋지 않아서'라며 핑계를 대지만 사실은 자신을 사랑하지 않기 때문이다. 많은 성공한 사람들은 그 어떤 환경에서도 스스로를 믿고 꿈을 꾸었다. 그리고 자신을 사랑하는 마음은 인생을 살아가는 꿈과 비전을 만들게 해준다.

스티븐 스필버그, 빌 게이츠, 토머스 에디슨, 아인슈타인 등 세계에서 가장 성공한 사람들은 스스로를 믿고 꿈과 비전을 갖고 있었다. 그리고 그것을 이미 이루었다고 생각했다. 그 생각을 바탕으로 최선의 노력을 다해 결국엔 자신의 꿈을 실현시켰다.

성공의 크기는 꿈의 크기에 비례한다. 스스로 어떤 꿈을 꿀 수 있는가가 자신의 성공의 크기를 만드는 것이다. 꿈이 작으면 작은 성공을 이루고, 꿈이 원대하면 원대한 성공을 이루는 것이다. 위대한 성공을 이룬 사람들에게는 더 큰 꿈을 꿀 수 있는 자존감이 있었다.

성공한 사람들은 인생에 확고한 꿈이 있다. 그리고 그 꿈을 구체적으로 적어두었다. 아이가 가슴 뛰는 꿈을 갖고 있는가? 엄마 스스로 가슴 뛰는 꿈을 갖고 있는가? 자존감이 높아지면 가슴 뛰는 꿈을 찾게 된다.

결국 내 인생을 사는 사람은 나다. 엄마가 옆에서 아무리 성공하라고 등 떠 밀어도 스스로 움직이지 않으면 아무것도 이루어지지 않는다. 엄청난 재능을 갖고 있지만 집 안에서만 생활하는 사람들이 많다. 스스로를 가둬둔 것이다. 재능이 있어도 자신을 보여주지 않는다면 무용지물이다. 아이가 세상을 향해 도전하는 움직임을 이끌어낼 수 있는 것은 부모의 말 한마디다. 많은 부모들이 아이의 행동에 대해 부정적으로 이야기하며 아이의 자존감을 낮춘다. "내가 그럴줄 알았어.", "엄마가 안 된다 그랬잖아. 그걸 왜 했니?"라고 말한다.

이런 사람들은 안 된다고 생각하면 정말 안 되는 일이 이루어지도록 아이의 생각을 바꾼다는 끌어당김의 법칙을 모르기 때문에 이런 말을 하는 것이다. 아이의 자존감을 지켜주는 것은 아이의 인생을 지켜주는 것과 같다.

자존감이 높은 아이들은 '나는 된다.', '나는 운이 좋다.', '나는 할 수 있다.'라는 말을 믿는다. 그냥 왠지 잘될 것 같다고 생각하는 마음을 갖는 것이다. 아이에 대해 좋은 예감을 갖기를 바란다. 그러면 아이는 기분 좋은 일들을 만들기 위해 스스로 노력할 것이다.

2018 평창 동계 올림픽에서 긍정의 여왕이라 불린 김아랑 쇼트트랙 선수는 인터뷰에서 다음과 같이 말했다.

"그동안 너무 힘들었다. 그래도 뜻을 이뤄낸다고 생각하면 이뤄지는 것을 알았다. (중략) 압박이 큰 것은 사실이었다. 그러나 자신감으로 이겨내려 했고 관중들도 응원해주셨다. 그리고 부모님도 와주셨다. 크게 응원해주셨다."

김아랑 선수는 자신감을 갖고 세계적인 큰 무대를 이겨낼 수 있었다. 그 결과 2회 연속 올림픽 금메달리스트가 되었다. 김아랑 선수도 경기 시작 전 부모님의 응원을 받으며 자신감을 가졌다. 해낼 수 있다고 생각한 것이다.

부모는 아이에게 존재만으로 힘이 된다. 도움이 필요한 상황에서 누구든 "엄마야!", "엄마!"하고 외친다. 어른이 되었다고 갑자기 모든 것이 다 완벽해지는 것은 아니다. 계속 응원을 받고 힘을 내야 한다. 아이에게 해준 말들은 아이의 무의식 중에 기억되어 아이가 인생을 살아갈 때마다 영향을 주는 것이다.

우리는 이제까지 계속 노력하고 이뤄내며 살아왔다. 아이를 낳는 과정도 아이가 찾아오길 기다리고 10달을 정성을 다해 태교하며 기다린다. 마침내 내 아이가 태어난다. 태어난 아이를 키우는 과정도 육아를 배우고 경험하며 알아가는 과정들이었다.

이제 그 아이를 잘 키우는 일만 남았다. 아이가 행복을 느끼며 성공한 삶을 살아가길 원한다면 지금 당장 아이의 자존감을 살펴보아야 한다. 아이 스스로 자신의 가치를 어떻게 생각하는지를 알아보아라.

'나는 꽤 괜찮은 사람이다.', '나는 무엇이든 할 수 있다.', '내가 좋아하는 일은 무엇이다.', '나는 그 일에서 반드시 성공할 것이다.' 자존감 높은 아이는 이처럼 스스로에 대한 확신이 있다. 그리고 그 자존감은 스스로의 삶을 바꾸는 결정적인 열쇠다.

아이의 삶에 성공의 문을 열어주고 싶다면 지금부터 자존감을 키우는 방법으로 육아를 해야 한다. 문을 여는 열쇠는 지금부터 만들어가면 된다.

아이의 자존감을 높여주는 엄마의 한 마디 37

틀림없이 성공하는 자존감

넌 그 일에서 반드시 성공할 거야.
거봐, 엄마가 잘할 거라고 했잖아.

07 자존감이 아이의 인생이다

"당신은 당신 운명의 건축가이고, 당신 운명의 주인이며, 당신 인생의 운전자다.
당신이 할 수 있는 것, 가질 수 있는 것, 될 수 있는 것에 한계란 없다."
─브라이언 트레이시

자존감이 높은 아이는 타인의 시선으로부터 자유롭다

해리포터 시리즈에서 헤르미온느 역할을 맡아 유명한 엠마 왓슨은 UN 양성평등 친선대사로 활동했다. 그녀는 UN 캠페인 〈HeForShe〉와 관련한 연설을 하였다. 그녀는 연설 중에 자신이 양성평등에 대해 이야기하는 이유를 다음과 같이 설명했다.

"당신은 그렇게 생각할 수 있습니다. 누가 해리포터 소녀야? 그리고 그녀가 UN에서 무엇을 이야기하려고 하는 거야? 아주 좋은 질문입니다. 저 스스로도 계속해서 물었어요. 나는 나에게 강하게 말했습니다. 만약 내가 아니면 누가? 만약 지금이 아니라면 언제? 만약에 당신에게 이와 비슷한 회의에 연설을 할 수 있는 기회가 주어진다면 이 말이 도움이 되길 바랍니다."

타인의 시선을 의식하다 보면 나의 가치를 제대로 평가하지 못하게 된다. '내가 틀리면 어떻게 하지?', '내가 아직 이 정도를 할 수 없다고 생각하고 비웃으면 어떻게 하지?' 그러나 내 인생을 가장 중요하게 생각하는 사람은 '나'다. 내가 하겠다고 마음먹으면 할 수 있는 것이다. 그것이 어떤 것이든 상관없다. 이루겠다고 마음먹으면 다 이루어지는 것이다.

자존감이 높은 사람은 타인의 시선으로부터 자유롭다. 그리고 계속해서 시도한다. 엠마 왓슨도 자신을 생각하는 타인의 시선을 자존감으로 이겨내고 자신의 생각을 멋지게 연설했다. 나는 그녀의 멋진 연설에 감동을 받았다. 그리고 그녀의 확고한 생각에 나의 생각도 변화할 수 있었다.

우리 아이도 자존감을 높여주면 당연히 이루어낼 수 있다. 아이의 미래는 무한하다. 아이는 모든 것을 다 그릴 수 있다. 그리고 아이가 스스로 미래를 그린 대로 이루어질 것이다. 그리고 아이뿐만 아니라 엄마 역시 자존감이 높아지면 새로운 삶을 상상하고 도전하게 된다. 계속해서 강조하지만 부모와 아이는 떼어낼 수 없는 관계이기 때문이다. 서로에게 좋은 영향을 준다. 그렇기 때문에 부모가 바뀌면 아이가 바뀌는 것이다.

자존감 높은 아이들의 특징

왜 자존감이 높은 아이가 자신의 인생을 멋있게 살아갈 수 있을까? 자존감이 높은 아이들의 특징을 살펴보면 그 아이들이 성공한 삶을 살 수밖에 없는 이유를 알 수 있다. 자존감이 높은 아이들의 특징은 다음과 같다.

- 자신을 사랑하고 다른 사람에게서 사랑받는 것을 자연스럽게 받아들인다.
- 자신과 타인의 다른 점을 존중한다.
- 자신의 특별함을 인정한다.
- 자신에게 맞는 것을 주체적으로 선택한다.
- 문제가 발생했을 때 책임을 지고 해결책을 찾아본다.
- 여러 가지 상황에 대해 늘 가능성을 열어둔다.
- 자신의 현재 상황을 받아들이고 원대한 꿈을 키운다.
- 안전하고 익숙한 것에서 벗어나 새로운 것에 도전한다.
- 긍정적인 사고를 바탕으로 미래에 희망적이다.
- 타인을 공감하고 배려하며 원만한 의사소통을 한다.
- 서로 협력하며 문제 해결을 이끄는 리더다.

이 아이들의 성공한 미래가 그려지는가? 무라카미 하루키는 『달리기를 말할 때 내가 하고 싶은 이야기』에서 다음과 같이 이야기했다. '개개의 기록도, 순위도, 겉모습도, 다른 사람이 어떻게 평가하는가도, 모두가 어디까지나 부차적인 것에 지나지 않는다. 나와 같은 러너에게 중요한 것은 하나하나의 결승점을 내 다리로 확실하게 완주해가는 것이다. 혼신의 힘을 다했다, 참을 수 있는 한 참았다고 나 나름대로 납득하는 것에 있다. (중략) 최종적으로 자신 나름으로 충분히 납득하는 그 어딘가의 장소에 도달하는 것이다.'

자기의 삶에서 스스로 만족하는 것은 중요하다. 만족은 행복을 느끼기 때문이다. 인생에서 중요한 것이 무엇일까. 서로 사랑하고 행복한 순간이 계속되는 것이라고 생각한다. 그러나 행복은 결과물이 아니다. 행복은 그 자체로의 '느낌'이다. 부모가 내 아이가 자라면서 모든 순간 행복하게 느끼기를 바라는 것은 당연하다.

아이가 스스로 행복을 느끼는 방법은 자존감을 높여주는 것이다. 최근 자존감에 많은 관심을 갖는 것은 자존감이 높아야만 행복할 수 있고 내 삶을 온전하게 바라볼 수 있기 때문이다. 내가 어떤 모습이든 만족하는 것이 중요하다. 나는 모든 아이가 자신의 현재에 불평을 하며 슬퍼하는 것보다 행복을 느끼고 자신의 길을 스스로 만들어가는 삶을 사는 아이로 자랐으면 좋겠다.

아이 인생의 주인은 아이다

"진정한 사람은 자신의 힘을 만끽할 목적으로 상대에게 상처주지 않습니다. 진정으로 강한 사람은 다른 이를 같이 높여줍니다. 서로를 함께 높입니다."

미쉘 오바마의 말이다. 내 아이의 자존감을 높여주면 스스로 강한 사람이 된다. 타인에게 상처를 주지 않고 함께 멋진 삶을 살아갈 것이다. 이제 타인과 함께 성공해야 한다. '빨리 가려면 혼자 하고 멀리가려면 함께 가라'는 말이 있다. 내 아이가 혼자 외롭게 살아가길 바라지 않는다. 타인을 배려하고 그들과 함께 살아가기를 바란다.

자존감 높은 아이들은 자신의 성공에만 관심을 갖지 않는다. 다른 사람에게 좋은 영향을 미친다. 내 아이를 잘 키우는 것은 내 아이의 성공에만 국한된 것이 아니다. 우리 모두의 성공과 이어진다.

아이 인생의 주인은 아이다. 누가 뭐라 해도 아이의 인생의 주인이 아이가 되어야 한다. 부모는 곁에서 돕는 역할을 한다. 부모가 아이가 자라는 동안 아이 스스로 자신의 삶에 주인이 될 수 있도록 독립하는 과정을 준비해줘야 한다.

아이가 인생의 주인으로서 스스로 선택하는 것도 중요하지만 스스로 책임을 지는 것도 중요하다. 아이의 자존감이 손상되거나 버려지지 않도록 매일 대화하며 관심을 가져야 한다. 내 아이가 지금까지 낮은 자존감을 갖고 살아갔다면 지금까지의 부모의 양육태도를 버리고 새롭게 시작하면 된다.

아이의 자존감은 본래 타고난 그 순수한 상태로 되돌려야 한다. 원점에서 다시 시작하면 되는 것이다. 결심을 한 부모는 주변의 어떤 반응에도 묵묵히 아이의 바른 성장만을 생각하며 흔들림 없이 나아간다.

매일 작은 노력들이 성공하고 그 결과 자존감이 높아진다. 부모의 노력이 아이와 부모에게 온전히 좋은 영향을 주는 것이다. 자존감은 계속해서 변화한다. 그리고 그 자존감이 아이의 인생이다.

아이를 사랑하고 희생하는 모든 부모들은 정말 위대하다고 생각한다. 나는 모든 부모의 노력을 다음과 같이 말하고 싶다.

'내일의 모든 꽃은 오늘의 씨앗에 근거한 것이다'.

자존감이 아이의 인생이라는 생각으로 아이를 위해 오늘도 노력을 멈추지 않는 이 세상의 많은 부모를 마음 깊이 응원한다.

자존감은 자유롭다

나중에 커서 이런 사람이 되고 싶구나?
넌 뭘 해도 잘할 거야. 나는 네 편이야.

자존감이 아이의 미래를 결정한다

자존감은 삶의 전부라고 할 수 있다

어떤 일을 시작할 때, "나는 할 수 있다."라고 생각하면 할 수 있는 일이 되고 "내가 어떻게 하지?"라고 생각하면 할 수 없는 일이 된다. 아이는 살아가면서 많은 도전을 해야 한다. 그 도전하는 순간 아이가 어떻게 생각하길 바라는가? 아이가 이루는 일들은 모두 아이의 생각에서 시작한다.

자신에 대한 긍정적인 믿음은 긍정적인 생각을 가져온다. 자존감이 높은 아이는 무엇이든 할 수 있다고 긍정적으로 생각한다. 그 믿음으로부터 도전하고 성공하는 것이다. 아이들에게 성공과 도전을 강요하기 이전에 자존감을 높여줘야 한다.

부모는 아이의 현재를 이해하고 받아들이는 것으로 아이의 자존감을 높여주는 준비를 해야 한다. 그리고 이 책에서 소개한 육아법을 하나 둘 실천하다 보면 아이의 자존감은 서서히 높아질 것이다. 한꺼번에 많은 변화를 이루려하지 않기를 바란다. 육아는 장기 마라톤과 같다. 지금 이 시기가 지나가 편해질 것 같아도 계속해서 또 다른 어려움에 부딪치게 된다.

그러나 좌절할 필요는 없다. 삶이 힘들거나 실망스러울 때 작은 변화가 큰 결과를 가져오게 되기 때문이다. 게다가 우리는 행복한 육아를 향한 방향과 방법을 알고 있다. 지금 아이에게 적용할 수 있는 작은 대화법이나 부모의 양육 태도, 행동의 변화가 자존감을 높여줄 것이다. 자존감이 낮은 아이는 부모의 사랑과 격려로 자존감이 높아질 수 있다. 그 결과 아이가 성공한 미래를 살 수 있게 된다.

엄마와 아이의 희망찬 미래는 자존감에서 시작된다

나는 이 책에서 아이의 자존감을 높이는 방법을 이야기했지만 결국 이 책은 아이와 엄마 모두의 자존감을 높이는 책이다. 엄마의 자존감이 높아져야 그대로 아이의 자존감을 높여줄 수 있는 힘이 생기게 되기 때문이다. 결국 중요한 것은 육아를 하고 있는 모든 사람의 자존감을 꾸준히 높이는 것이다.

엄마가 스스로 자존감을 높여 살아가야 한다. 그리고 아이가 스스로를 사랑하는 마음으로 세상에 단단히 설 수 있도록 아이를 키워야 한다. 아이의 미래는 자존감에서 결정되기 때문에 육아를 하며 놓칠 수 없는 부분이다. 아이가 행복한 사람으로 성공한 모습으로 살아가기를 바란다면 자존감을 높여주는 육아를 시작해야 한다.

변화는 지금부터 진짜 시작된다. 엄마가 아이를 위해 이 책에서 소개하고 있는 내용들을 실천하고 적용한다면 아이의 자존감은 높아질 것이다. 일단 노력을 시작해라. 그 작은 노력들로 변화가 시작될 것이다. 하나를 이루었다면 그 다음을 시작하면 된다. 끝까지 포기하지 않고 내 아이의 자존감을 높여주는 육아를 실천한다면 아이의 자존감은 반드시 자랄 것이다. 엄마의 실천이 아이의 변화를 이끌어줄 것이다.

엄마와 아이가 모두 행복하고 아이의 삶을 성공으로 이끄는 행복한 육아를 시작하기를 소망한다. 우리 모두 할 수 있다.